AF450108

Tradición

METAFÍSICA DEL NÚMERO

René Guénon

Vía Directa
Ediciones

Traducción: Joaquín Jiménez
Portada: Javier Luna

© Ediciones Via Directa, 2007.

e-mail: edicionesvia@gmail.com www.
edicionesvia.com

Primera edición: Mayo de 2007.
Reimpresión revisada y corregida 2019.

Depósito Legal:
ISBN: 978-84-935797-0-8

ÍNDICE

Prólogo..7

Capítulos:

I.-   Infinito e indefinido...................................13
II.-   La contradicción del "número infinito"................21
III.-   La multitud innumerable...........................25
IV.-   La medida de lo continuo.........................31
V.-   Cuestiones presentadas por el método
         infinitesimal...37
VI.-   Las "ficciones bien fundadas"............................41
VII.-   Los "grados de infinitud".............................47
VIII.-   "División al infinito" o divisibilidad indefinida........53
IX.-   Indefinidamente creciente e
         indefinidamente decreciente........................59
X.-   Infinito y continuo...................................65
XI.-   La "ley de continuidad"..............................69
XII.-   La noción de límite..................................75
XIII.-   Continuidad y paso al límite.........................79
XIV.-   Las "cantidades desvanecientes"......................83
XV.-   Cero no es un número................................89
XVI.-   La notación de los números negativos...............95
XVII.-   Representación del equilibrio de fuerzas...........101
XVIII.- Cantidades variables y cantidades fijas.............105
XIX.-   Las diferenciaciones sucesivas......................109
XX.-   Diferentes órdenes de *indefinidad*....................113
XXI.-   Lo indefinido es inagotable analíticamente.........119
XXII.-   Carácter sintético de la integración 123
XXIII.- Los argumentos de Zenón de Elea...................129
XXIV.-   Verdadera concepción del paso al límite..........133
XXV.-   Conclusión...137

PRÓLOGO

Si bien puede parecer, al menos a primera vista, que el presente estudio sólo tiene un carácter un tanto "especial", nos ha parecido útil emprenderlo para precisar y explicar de modo más completo ciertas nociones a las que hemos tenido que recurrir en las diversas ocasiones en las que nos hemos servido del simbolismo matemático, y esta razón bastaría para justificarlo sin más. Sin embargo, debemos decir que a ella se añaden otras razones secundarias, que se refieren sobre todo a lo que podríamos llamar el aspecto "histórico" de la cuestión; aspecto que no carece de interés desde nuestro punto de vista, en el sentido de que todas las discusiones que se han planteado acerca de la naturaleza y valor del cálculo infinitesimal ofrecen un ejemplo palpable de la ausencia de principios que caracteriza a las ciencias profanas, es decir, las únicas ciencias que los modernos conocen y las únicas que conciben como posibles. Hemos observado muchas veces que la mayoría de esas ciencias, aun en la medida en que corresponden a una determinada realidad, no representan sino simples residuos desnaturalizados de algunas de las antiguas ciencias tradicionales; son la parte inferior de éstas, que, perdida su relación con los principios, y por ello perdido también su verdadero significado original, llegó a desarrollarse en forma independiente y ser considerada como un conocimiento que se basta a sí mismo, aunque, en verdad, su valor propio como conocimiento se ve reducido, precisamente por eso, a poco más que nada. Esto es más evidente en el caso de las ciencias físicas, pero, como lo hemos explicado en otra parte[1], ni aun las matemáticas modernas son una excepción al respecto, si se las compara con lo que era para los antiguos la ciencia de los números y la geometría; y cuando hablamos aquí de antiguos, hay que incluir también la antigüedad "clásica", como bastaría para demostrarlo el mínimo estudio de las teorías pitagóricas y platónicas, o debería bastar si no fuera por la extraordinaria incomprehensión de quienes hoy día pretenden interpretarlas; si esta incomprehensión no fuese tan completa, ¿cómo se podría sostener, por ejemplo, la opinión de un origen "empírico" de las ciencias en cuestión, siendo que, en realidad,

---

[1] Véase *Le Règne de la Quantité et les Signes des Temps*.

aparecen tanto más alejadas de todo "empirismo" cuanto más nos remontamos en el tiempo, lo cual, además, ocurre igualmente para toda otra rama del conocimiento científico?

Los matemáticos, en la época moderna y muy especialmente en la época contemporánea, parecen haber llegado a ignorar lo que es verdaderamente el número; y no nos referimos solamente al número tomado en el sentido analógico y simbólico en que lo entendían los Pitagóricos y los Kabalistas, lo que es evidente, sino también, lo que puede parecer extraño y hasta paradójico, al número en su acepción propia y simplemente cuantitativa. En efecto, los matemáticos reducen toda su ciencia al cálculo, con la concepción más estrecha posible al respecto, es decir, considerado como un simple conjunto de procedimientos más o menos artificiales, y que, en suma, sólo valen por las aplicaciones prácticas a que dan lugar. En el fondo, equivale a decir que reemplazan al número por la cifra, y, por lo demás, esta confusión del número con la cifra está tan difundida en nuestros días que fácilmente se la podría hallar a cada momento hasta en las expresiones del lenguaje corriente[2]. En rigor, la cifra no es más que la vestidura del número; ni siquiera decimos su cuerpo, ya que más bien es la forma geométrica la que, en ciertos aspectos, podría ser considerada legítimamente como lo que constituye el verdadero cuerpo del número, como lo demuestran las teorías de los antiguos sobre los polígonos y los poliedros, en su relación directa con el simbolismo de los números; y ello concuerda, además, con el hecho de que toda "incorporación" implica necesariamente una "espacialización". Sin embargo, no queremos decir que las cifras mismas sean signos enteramente arbitrarios, cuya forma sólo hubiese sido determinada por la fantasía de uno o de varios individuos; tiene que haber caracteres numéricos como hay caracteres alfabéticos, de los cuales, por otra parte, no se distinguen en ciertas lenguas[3], y tanto a unos como a otros se puede aplicar la noción de un origen jeroglífico, es decir ideográfico o simbólico, que vale para todas las escrituras sin excepción, por más que este origen quede disimulado en ciertos casos por deformaciones o alteraciones más o menos recientes.

---

[2] Hasta existen "pseudo-esoteristas" que saben tan poco de lo que hablan que nunca dejan de cometer esta misma confusión en las imaginativas elucubraciones con las que pretenden sustituir a la ciencia tradicional de los números.

Lo cierto es que los matemáticos emplean en su notación símbolos cuyo sentido desconocen, y que son como vestigios de tradiciones olvidadas; y lo más grave es que no solamente no se preguntan cuál puede ser ese sentido, sino que hasta parecen no querer que lo haya. En efecto, tienden cada vez más a considerar toda notación como una simple "convención", entendida como algo que se establece de manera arbitraria, lo cual en el fondo es una verdadera imposibilidad, ya que nunca se establece una convención cualquiera sin tener alguna razón para hacerlo, y para elegir precisamente ésa y no otra; sólo a quienes ignoran esa razón la convención puede parecerles arbitraria, así como sólo a quienes ignoran las causas de un hecho, éste puede parecerles "fortuito"; es exactamente lo que pasa aquí, y en ello se puede ver una de las consecuencias más extremas de la ausencia de todo principio, que puede llegar a hacer perder a la ciencia (o a lo así llamado, ya que entonces no merece tal nombre) toda significación plausible. Por otra parte, el hecho mismo de la concepción actual de una ciencia exclusivamente cuantitativa hace que ese "convencionalismo" se extienda poco a poco desde las matemáticas hacia las ciencias físicas, en sus teorías más recientes, que así se alejan cada vez más de la realidad que pretenden explicar. De esto nos hemos ocupado suficientemente en otra obra, lo que nos dispensa de insistir más en este punto, tanto más cuanto que sólo de las matemáticas vamos a ocuparnos ahora en particular. A este punto de vista, solamente agregaremos que, cuando se pierde tan completamente de vista el sentido de una notación, es demasiado fácil pasar de su uso legítimo y válido a un uso ilegítimo, que ya no corresponde a nada, y que hasta puede ser totalmente ilógico; esto puede parecer bastante extraño tratándose de una ciencia como las matemáticas, que deberían guardar vínculos

3 El hebreo y el griego están en ese caso, y el árabe también lo estaba antes de introducirse el uso de las cifras de origen indio, que luego, más o menos modificadas, pasaron de ahí a la Europa de la Edad Media; al respecto se puede señalar que la palabra "cifra" no es sino el vocablo árabe çifr, aunque éste en realidad designa al cero. Es verdad que, por otra parte, en hebreo safar significa "contar" o "numerar", y al mismo tiempo "escribir", de donde sefer, "escritura" o "libro" (en árabe sifr, que designa particularmente un libro sagrado), y sefar, "numeración" o "cálculo"; de esta última palabra viene también la designación de las Sefiroth de la Kábala, que son las "numeraciones" principiales asimiladas a los atributos divinos. [Se traduce por principial el termino francés principielle, a diferencia de principal (principal, también en francés) y que hace referencia a los principios universales (N. del T.)]

particularmente estrechos con la lógica, y sin embargo es bien cierto que se pueden observar múltiples faltas de lógica en las nociones matemáticas tal como se las encara comúnmente en nuestra época.

Uno de los ejemplos más notables de tales nociones ilógicas, y que es el primero que deberemos enfocar aquí, aunque no sea el único que vamos a encontrar en el curso de nuestra exposición, es el del pretendido infinito matemático o cuantitativo, que es la fuente de casi todas las dificultades que se han levantado contra el cálculo infinitesimal, o, quizá más exactamente, contra el método infinitesimal, puesto que hay en él algo que, no importa lo que piensen los "convencionalistas", sobrepasa el alcance de un simple "cálculo" en el sentido ordinario del término; no hay otra excepción que hacer que la referida a aquellas dificultades que provienen de una concepción errónea o insuficiente de la noción de "límite", indispensable para justificar el rigor de este método infinitesimal y hacer de él algo más que un simple método de aproximación. Por otro lado, como veremos, hay que hacer una distinción entre aquellos casos en que el supuesto infinito sólo expresa un absurdo puro y simple, es decir, una idea contradictoria en sí misma como la del "número infinito", y aquellos otros en que solamente se lo emplea de manera abusiva en el sentido de indefinido; pero no por ello se debe creer que la confusión entre infinito e indefinido se reduce a una simple cuestión de palabras, pues en verdad recae sobre las ideas mismas. Lo singular es que esta confusión, que hubiera bastado disipar para terminar con tantas discusiones, haya sido cometida por el propio Leibnitz, a quien suele considerarse el inventor del cálculo infinitesimal. Nosotros diríamos más bien su "formulador", pues este método corresponde a ciertas realidades que, como tales, tienen una existencia independiente de quien las concibe y las expresa más o menos perfectamente. Las realidades del orden matemático, como todas las demás, sólo pueden ser descubiertas y no inventadas, mientras que, por el contrario, hay verdadera invención cuando, como sucede a menudo en este dominio, uno se deja llevar, en el "juego" de las notaciones, hasta el terreno de la fantasía pura; pero es muy difícil hacer comprender esta diferencia a unos matemáticos que de buena gana se imaginan que toda su ciencia no es ni debe ser otra cosa que una "construcción del espíritu humano", lo cual, si hubiera que creerlo, dejaría toda esa ciencia reducida a muy poco. Sea de ello lo que fuere, Leibnitz no supo nunca explicarse claramente sobre los principios de su cálculo, y ello precisamente es lo que muestra que había en éste algo que lo sobrepasaba, que se le imponía de alguna manera sin que él tuviese conciencia de ello; por cierto, si se hubiese dado cuenta, no se habría trabado en una disputa de "prioridad" con Newton sobre este tema. Por otra parte, esa clase de disputas siempre son perfectamente vanas, pues las ideas, cuando son verdaderas, no pertenecen en propiedad a nadie, a pesar del "individualismo" moderno, y sólo el error puede ser atribuido con propiedad a los individuos humanos. No nos extenderemos más sobre esta cuestión, que nos llevaría demasiado lejos del objeto de nuestro estudio, aunque quizás no sea inútil, en ciertos aspectos, hacer comprender que el papel que desempeñan los llamados "grandes hombres" es muchas veces en gran parte un papel de "receptores", pese a que ellos mismos suelen ser los primeros en ilusionarse acerca de su "originalidad".

Lo que nos concierne más directamente por el momento es lo siguiente: si comprobamos semejantes insuficiencias en Leibnitz, insuficiencias que son tanto más graves cuanto que atañen a cuestiones de principios, ¿qué será de los demás filósofos y matemáticos modernos, a los cuales él, a pesar de todo, es muy superior? Esta superioridad la debe, en parte, a sus estudios de las doctrinas escolásticas de la Edad Media, aunque no siempre las haya entendido a fondo, y por otra parte, a ciertos datos esotéricos, de origen o inspiración principalmente rosacruciana[4], datos evidentemente muy incompletos y hasta fragmentarios, y que a veces aplicó bastante mal, como veremos en algunos ejemplos aquí mismo. Con tales dos "fuentes", como dicen los historiadores, conviene relacionar, en definitiva, casi todo lo realmente valioso que hay en sus teorías, y son ellas también las que le permiten reaccionar, aunque imperfectamente, contra el cartesianis-

---

[4] La marca innegable de este origen se encuentra en la figura hermética colocada por Leibnitz a la cabeza de su tratado *De Arte Combinatoria*: es una representación de la *Rota Mundi*, en la cual, en el centro de la doble cruz de los elementos (fuego y agua, aire y tierra) y de las cualidades (caliente y frío, seco y húmedo), la *quinta essentia* está simbolizada por una rosa de cinco pétalos (correspondiente al éter considerado en sí mismo y como principio de los otros cuatro elementos); naturalmente, esta "signatura" ha pasado completamente inadvertida para todos los comentaristas universitarios.

mo, que representaba entonces, en el doble dominio filosófico y científico, todo el conjunto de tendencias y de concepciones más específicamente modernas. Estas observaciones son suficientes para explicar, en pocas palabras, lo que fue Leibnitz, y si se quiere comprenderlo, no habrá que perder de vista jamás estas indicaciones generales, que, por esta razón, hemos creído bueno formularlas desde el inicio. Pero ya es hora de dejar estas consideraciones preliminares y entrar de lleno en el examen de las cuestiones que nos permitirán determinar la verdadera significación del cálculo infinitesimal.

Capítulo I: INFINITO E INDEFINIDO

Siguiendo el punto de vista permanente de toda ciencia tradicional y procediendo, en cierto modo, en un sentido inverso al de la ciencia profana, debemos plantear aquí en primer lugar el principio que nos permitirá resolver a continuación, de forma casi inmediata, las dificultades a que ha dado lugar el método infinitesimal, sin dejarnos extraviar en discusiones que de otra forma podrían ser interminables, como lo son de hecho para los filósofos y los matemáticos modernos que, dado que dicho principio les falta, nunca llegan a encontrar una solución satisfactoria y definitiva a estas dificultades. Este principio es la noción misma de Infinito, entendida en su verdadero sentido, que es el puramente metafísico, y a este respecto sólo tenemos que recordar brevemente lo que ya hemos expuesto con más profundidad en otra parte[1]: el Infinito es propiamente lo que no tiene límites, ya que finito es, evidentemente, sinónimo de limitado; por tanto, esta palabra no puede aplicarse sin abuso más que a aquello que no tiene absolutamente ningún límite, es decir, al Todo universal que incluye en sí mismo todas las posibilidades y que, en consecuencia, no podría estar limitado de ninguna manera por nada; el Infinito, así entendido, es metafísica y lógicamente necesario, ya que no solamente no puede implicar ninguna contradicción, al no contener en sí mismo nada de negativo, sino que, por el contrario, es su negación lo que sería contradictorio. Además, evidentemente, sólo puede existir un Infinito, ya que dos infinitos distintos se limitarían el uno al otro, y por lo tanto se excluirían mutuamente; en consecuencia, siempre que se emplea la palabra "infinito" en un sentido diferente al que acabamos de exponer, podemos tener la certeza a priori de que este empleo es necesariamente abusivo, ya que consiste, en suma, o en ignorar lisa y llanamente el Infinito metafísico o en suponer la existencia simultánea de otro infinito.

Es cierto que los escolásticos admitían la existencia de lo que llamaban *infinitum secundum quid*, que distinguían cuidadosamente del *infinitum absolutum*, el único que es Infinito metafísico; pero sólo podemos ver en esto una imperfección de su termi-

---

1 *Les Etats multiples de l´Être*, capítulo 1º.

nología, ya que, si esta distinción les permitía escapar a la contradicción de una pluralidad de infinitos entendidos en el sentido correcto, no es menos cierto que este doble empleo de la palabra *infinitum* corría el riesgo de originar múltiples confusiones, y que además uno de los sentidos que le daban era de esta forma totalmente impropio, ya que decir que algo es infinito solamente en lo relativo a cierto aspecto, como corresponde al significado exacto de la expresión *infinitum secundum quid*, es lo mismo que afirmar que en realidad no es en absoluto infinito[2]. En efecto, porque una cosa no sea limitada en un determinado sentido o bajo cierto aspecto no se puede legítimamente concluir de ello que no está limitada en absoluto, lo cual sería necesario para que fuera verdaderamente infinita; no solamente puede ser al mismo tiempo limitada bajo otros aspectos, sino que incluso podemos decir que necesariamente lo es, desde el momento en que es algo limitado, y que, por su misma determinación, no incluye todas las posibilidades, ya que esto equivale a decir que está limitada por lo que deja fuera de ella; si por el contrario el Todo universal es infinito, es precisamente porque no deja nada fuera de él[3]. Toda determinación, por muy general que pueda suponerse, y cualquiera que sea la extensión que pueda recibir, es por tanto necesariamente excluyente de la verdadera noción de infinito[4]; una determinación, cualquiera que sea, siempre es una limitación, ya que tiene por carácter esencial el definir un determinado dominio de posibilidades con relación al resto, y por ello mismo excluir lo demás. Así, es un verdadero sinsentido aplicar la idea de infinito a una determinación cualquiera, por ejemplo, en el caso que vamos a considerar más especialmente aquí, a la cantidad o a uno u otro de sus modos; la idea de un infinito "determinado" es demasiado manifiestamente contradictoria para que se deba insistir más sobre ella, aunque esta contradicción haya escapado a menudo al pen-

---

[2] Con un sentido bastante próximo a éste, Spinoza empleó más tarde la expresión "infinito en su género", lo que da lugar evidentemente a las mismas objeciones.

[3] Se puede decir además que no deja fuera de él nada más que la imposibilidad, la cual, al ser una pura nada, no podría limitarle de ninguna manera.

[4] Esto es igualmente cierto para las determinaciones de orden universal, y no simplemente general, incluido el Ser mismo, que es la primera de todas las determinaciones; pero se sobreentiende que esta consideración no tiene que intervenir en las aplicaciones únicamente cosmológicas que tratamos en el presente estudio.

samiento profano de los modernos, ya que incluso aquellos que podrían denominarse "semiprofanos", como Leibnitz, no han sabido darse cuenta de ella claramente[5]. Para que esta contradicción se vea aún más clara, podríamos decir, en otros términos que, en el fondo, son equivalentes, que evidentemente resulta absurdo querer definir el Infinito: en efecto, una definición no es otra cosa que la expresión de una determinación, y las propias palabras expresan con bastante claridad que aquello que es susceptible de ser definido sólo puede ser o finito o limitado; querer hacer entrar el Infinito en una fórmula o, si se prefiere, revestirlo de una forma, cualquiera que ésta sea, es, consciente o inconscientemente, esforzarse en englobar el Todo universal en uno de los elementos más ínfimos que están comprendidos en él, lo que, sin duda, es la más manifiesta de las imposibilidades.

Lo que acabamos de decir basta para establecer, sin dejar lugar a ninguna duda, y sin que haya necesidad de entrar en más consideraciones, que no puede existir un infinito matemático o cuantitativo, y que esta expresión no tiene ningún sentido, ya que la propia cantidad es en sí misma una determinación; el número, el espacio, el tiempo, a los que se quiere aplicar la noción de este supuesto infinito, son condiciones determinadas que, como tales, sólo pueden ser finitas; hay en ellas ciertas posibilidades, o ciertos conjuntos de posibilidades, al lado y fuera de las cuales existen otras, lo que implica evidentemente su limitación. Hay incluso, en este caso, algo más: concebir el Infinito cuantitativamente no es únicamente limitarlo, sino además, por si fuera poco, concebirlo como susceptible de incremento o de disminución, lo que no es menos absurdo; con tales consideraciones, se llega al poco tiempo a pensar no sólo en varios infinitos que coexisten sin mezclarse ni excluirse, sino también en infinitos que son más grandes o más pequeños que otros infinitos, e incluso, al haberse convertido el infinito en algo tan relativo en estas condiciones, que ya es insuficiente, se inventa el "transfinito", es decir, el dominio de las cantidades más grandes que el infinito; y decimos que se trata de una invención, ya que dichas concepciones no se corresponden con nada real: tantas palabras, tantas afirmaciones absurdas, incluso

---

[5] Si debe extrañar la expresión "semiprofano" que empleamos aquí; diremos que puede justificarse, de una manera muy precisa, por la distinción entre la iniciación efectiva y la iniciación simplemente virtual, que tendremos ocasión de explicar en otro momento.

desde el punto de vista de la lógica más elemental, lo que no impide que, entre aquellos que las sostienen, se encuentre uno con la pretensión de que son "especialistas" en lógica, ¡así de grande es la confusión de nuestra época!

Debemos subrayar que acabamos de decir no solamente "concebir un infinito cuantitativo", sino "concebir el Infinito cuantitativamente", y esto exige algunas explicaciones: con esto hemos querido hacer alusión más específicamente a los que, en la jerga filosófica contemporánea, se denominan los "infinitistas"; en efecto, todas las discusiones entre "finitistas" e "infinitistas" muestran con claridad que unos y otros comparten la idea completamente falsa de que el Infinito metafísico es lo mismo que el infinito matemático, e incluso que se identifican pura y simplemente[6]. Así, todos ignoran también los principios más elementales de la metafísica, ya que, muy al contrario, es el concepto mismo del verdadero Infinito metafísico el único que permite rechazar de forma absoluta todo "infinito particular", si nos podemos expresar así, así como el supuesto infinito cuantitativo, y estar seguros por adelantado de que, allí donde se encuentre, no puede tratarse más que de una ilusión, a propósito de la cual sólo habrá que preguntarse qué es lo que ha podido causarla, a fin de poder sustituirla por otro concepto más conforme a la verdad. En resumen, siempre que se trate de una cosa determinada, de una posibilidad concreta, podemos estar seguros a priori y por esta misma razón de que es limitada, y podemos decir que limitada por su propia naturaleza, y esto sigue siendo cierto hasta en el caso de que, por la razón que sea, en el momento presente no podamos alcanzar sus límites; pero es precisamente esta imposibilidad de alcanzar los límites de algunas cosas, e incluso a veces de concebirlos con claridad, lo que produce, al menos entre aquellos que carecen del principio metafísico, la ilusión de que estas cosas no tienen límites y, digámoslo de nuevo, es esta ilusión, y sólo ella, la que se formula en la afirmación contradictoria de un "infinito determinado". Es aquí donde interviene, para rectificar esta noción falsa, o más bien para

---

[6] Citaremos solamente aquí, como ejemplo característico, el caso de L. Couturat que, al concluir su tesis *De l'infini mathématique*, en la cual se ha esforzado en probar la existencia de un infinito de número y de magnitud, al declarar que su intención ha sido demostrar con ello que, "a pesar del neocriticismo (es decir, de las teorías de Renouvier y su escuela), ¡una metafísica infinitista es probable!"

reemplazarla por un concepto verdadero de las cosas[7], la idea de lo *indefinido*, que es precisamente la idea de un desarrollo de posibilidades de las que no podemos alcanzar actualmente los límites; y por ello vemos como fundamental, en todas las cuestiones donde aparece el supuesto infinito matemático, la distinción entre lo Infinito y lo indefinido. Sin duda responde a esto, en la intención de sus autores, la distinción escolástica entre *infinitum absolutum* e *infinitum secundum quid*; desde luego, resulta fastidioso que Leibnitz, que sin embargo tanto tomó prestado de la escolástica, haya descuidado o ignorado a ésta ya que, por muy imperfecta que fuera la forma en la que se expresara, habría podido servir para responder con bastante facilidad a algunas de las objeciones levantadas contra su método. Por el contrario, parece claro que Descartes intentó establecer la distinción en cuestión, pero que estuvo muy lejos de haberla expresado e incluso concebido con suficiente claridad, ya que, según él, lo indefinido es aquello de lo que no podemos ver los límites y que podría ser en realidad infinito, aunque no podamos afirmar que lo es, cuando la verdad es que podemos, por el contrario, afirmar que no lo es, y que no hay ninguna necesidad de ver sus límites para estar seguros de que existen; se observa por tanto cuánto de vago y de fastidioso hay en todo ello, y debido siempre a la misma falta de principio. En efecto, dice Descartes: "Y, para nosotros, al ver cosas en las que, en cierto sentido[8], no observamos límites, no afirmaremos por esto que sean infinitas, sino que únicamente las consideraremos como indefinidas"[9]. Y da como ejemplos la extensión y la divisibilidad de los cuerpos; no asegura que estas cosas sean infinitas, pero sin embargo tampoco parece querer negarlo formalmen-

---

[7] Hay lugar, con todo el rigor lógico, a hacer una distinción entre "falsa noción" (o, si se prefiere, pseudo-noción) y "noción falsa": una "noción falsa" es la que no se corresponde adecuadamente a la realidad, aunque se corresponda con ella en cierta medida; por el contrario, una "falsa noción'" es la que implica contradicción, como en este caso, de forma que no es verdaderamente una noción, ni siquiera falsa, aunque tenga esta apariencia para aquellos que no se dan cuenta de la contradicción, ya que, al no expresar más que lo imposible, que es lo mismo que la nada, no corresponde absolutamente a nada; una "noción falsa" es susceptible de ser rectificada, pero una "falsa noción" sólo puede ser lisa y llanamente rechazada.

[8] Estas palabras parecen querer recordarnos el *secundum quid* escolástico, y podría ser así que la intención primera de la frase que citamos haya sido criticar indirectamente la expresión *infinitum secundum quid*.

[9] *Principes de la Philosophie*, I, 26.

te, tanto más cuanto que declara que no desea "entrar en las disputas sobre el infinito", lo que resulta una manera demasiado fácil de escapar a las dificultades, y si bien afirma un poco después que "aunque observamos en ellas propiedades que no parecen tener ningún límite, no dejamos de saber que esto procede de nuestro entendimiento, y no de su naturaleza"[10]. En resumen, quiere, con razón, reservar el nombre de infinito a lo que no puede tener ningún límite; pero, por una parte, no parece saber, con la certeza absoluta que implica todo conocimiento metafísico, que lo que no posee ningún límite no puede ser otra cosa que el Todo universal y, por otra, la noción misma de lo indefinido necesita ser precisada mucho más de lo que él lo ha hecho; de otro modo, sin duda un gran número de confusiones posteriores no se habrían producido tan fácilmente[11].

Decimos que lo indefinido no puede ser infinito, ya que su concepto implica siempre cierta determinación, se trate de la extensión, de la duración, de la divisibilidad, o de cualquier otra posibilidad; en una palabra, lo indefinido, cualquiera que se trate y sea cual sea el aspecto bajo el cual se presente, sigue siendo finito y no puede ser otra cosa que finito. Sin duda, los límites se alejan hasta situarse fuera de nuestro alcance, al menos mientras intentemos alcanzarlos de una manera que podríamos denominar "analítica", como explicaremos más completamente a continuación; pero no por eso quedan suprimidos y, en todo caso, si las limitaciones de un determinado orden pudieran eliminarse, quedarían todavía otras, que se refieren a la naturaleza misma de lo que estamos tratando, ya que en virtud de su naturaleza, y no simplemente de cualquier circunstancia más o menos exterior o accidental, toda cosa particular es finita, por mucho que se amplíe la extensión de la que es susceptible. Se puede subrayar a este respecto que el signo ¥, con el que los matemáticos representan el supuesto infinito, es en sí mismo una figura cerrada, y por tanto visiblemente finita, del mismo modo que el círculo, del que algu-

---

[10] Ibid., I, 27.

[11] Por ello, Varignon, en su correspondencia con Leibnitz relativa al cálculo infinitesimal, emplea indistintamente las palabras "infinito" e "indefinido", casi como si fueran sinónimas, o como si por lo menos fuera en cierto modo lo mismo emplear una que la otra, cuando, muy al contrario, es la diferencia de sus significados lo que, en todas estas discusiones, habría debido considerarse como el punto esencial.

nos pretenden hacer un símbolo de la eternidad, evidentemente no puede ser otra cosa que una representación de un ciclo temporal, indefinido solamente en su orden, es decir, en lo que se llama propiamente la perpetuidad[12]; y es fácil ver que esta confusión entre eternidad y perpetuidad, tan común entre los occidentales modernos, se parece bastante a la de lo Infinito y lo indefinido.

Para hacer comprender mejor la idea de lo indefinido y la manera en que éste se forma a partir de lo finito entendido en su acepción ordinaria, podemos considerar un ejemplo como el de la serie de los números: en ésta, evidentemente, nunca resulta posible detenerse en un punto determinado, ya que, después de todo número, siempre existe otro que se obtiene al añadirle la unidad; en consecuencia, es necesario que la limitación de esta serie indefinida sea de otro orden que la que se aplica a un conjunto definido de números, tomados entre dos números determinados cualesquiera; por tanto, es necesario que se refiera, no a propiedades particulares de ciertos números, sino a la naturaleza misma del número en toda su amplitud, es decir, a la determinación que, constituyendo esencialmente esta naturaleza, hace a la vez que el número sea lo que es y no sea otra cosa. Se podría repetir exactamente la misma observación si se tratara, no ya del número, sino del espacio o del tiempo considerados del mismo modo en toda la extensión de que son susceptibles[13]; esta extensión, por muy indefinida que se la conciba y que efectivamente sea, no podrá nunca permitirnos salir de lo finito. Esto es debido a que, en efecto, mientras que lo finito presupone necesariamente lo Infinito, ya que es éste el que comprende y engloba todas las posibilidades, lo indefinido procede al contrario de lo finito, ya que no se trata en realidad más que de un desarrollo al cual es siempre por

---

[12] De nuevo conviene subrayar que, como hemos explicado en otras ocasiones, un ciclo de este tipo nunca es verdaderamente cerrado, sino que únicamente parece serlo cuando nos situamos en una perspectiva que no permite darse cuenta de la distancia existente realmente entre sus extremos, de la misma forma que la espira de una hélice de eje vertical parece un círculo cuando se proyecta sobre un plano horizontal.

[13] Por lo tanto, no serviría de nada afirmar que el espacio, por ejemplo, no puede estar limitado por algo que también fuera espacio, de tal forma que el espacio en general no podría estar limitado por nada; por el contrario, está limitado por la determinación misma que constituye su naturaleza propia en tanto que espacio y que deja lugar, fuera de él, todas las posibilidades no espaciales.

lo tanto reductible, ya que es evidente que no se puede deducir de lo finito, por cualquier procedimiento que sea, nada más ni ninguna otra cosa que lo que estaba contenido potencialmente en él. Para retomar el mismo ejemplo de la serie de los números, podemos decir que esta serie, con toda la *indefinidad* que comporta, nos es dada por su ley de formación, ya que es de esta ley de la que resulta su *indefinidad*; sin embargo, esta ley consiste en que, dado un número cualquiera, se forma el siguiente añadiéndole la unidad. La serie de los números se forma por tanto por medio de adiciones sucesivas de la unidad a sí misma repetidas indefinidamente, lo que, en el fondo, no es más que la extensión indefinida del procedimiento de formación de una suma aritmética cualquiera; y se observa aquí muy claramente cómo lo indefinido se forma a partir de lo finito. Este ejemplo debe por otra parte su particular claridad al carácter discontinuo de la cantidad numérica; pero, para plantear las cosas de una forma más general y aplicable a todos los casos, bastaría, a este respecto, en insistir sobre la idea de "devenir" que está implícita en el término "indefinido", y que hemos expresado anteriormente al hablar de un desarrollo de posibilidades, desarrollo que, en sí mismo y en todo momento, implica siempre algo de inacabado[14]; la importancia de la consideración de las "variables", en lo que se refiere al cálculo infinitesimal, dará a este último punto todo su significado.

---

[14] Cf. la observación de A. K. Coomaraswamy sobre el concepto platónico de "medida" que hemos citado en otra ocasión (*Le Règne de la Quantité et les Signes des Temps,* cap. III): lo "no mensurable" es lo que todavía no ha sido definido, es decir, lo indefinido, y es, al mismo tiempo y por eso mismo, lo que no se realiza completamente en la manifestación.

Capítulo II: LA CONTRADICCIÓN DEL "NÚMERO INFINITO"

Hay casos en los que es suficiente, como a continuación veremos más claramente, reemplazar la idea del pretendido infinito por la de lo indefinido para hacer desaparecer inmediatamente toda dificultad; pero hay otros en los que esto no es posible, pues se trata de algo claramente determinado, "detenido" en cierto modo por hipótesis, y que, como tal, no puede ser llamado indefinido, según la observación que hemos realizado anteriormente: así, por ejemplo, se puede decir que la serie de los números es indefinida, pero no puede decirse que un determinado número, por grande que se lo suponga y sea cual sea el rango que ocupe en esta serie, es indefinido. La idea del "número infinito", entendido como el "mayor de todos los números" o el "número de todos los números", o incluso el "número de todas las unidades", es una idea verdaderamente contradictoria en sí misma, y su imposibilidad subsistiría hasta en el caso de que se renunciara al empleo injustificado de la palabra "infinito": no puede haber un número que sea mayor a todos los demás, pues, por grande que sea, siempre puede formarse otro mayor añadiéndole la unidad, de acuerdo con la ley de formación que antes hemos formulado. Esto significa que la serie de los números no puede tener un término último, y ello precisamente porque no está "terminada", ya que es verdaderamente indefinida; como el número de todos sus términos no podría ser más que el último de ellos, se puede decir que la serie no es "numerable", y ésta es una idea sobre la cual deberemos insistir ampliamente a continuación.

La imposibilidad del "número infinito" puede también ser establecida mediante diversos argumentos; Leibnitz, que al menos la reconocía muy claramente[1], empleó el que consiste en comparar la serie de los números pares con la de todos los números enteros: a todo número corresponde otro que es igual a su doble, de forma que pueden hacerse corresponder las dos series término a término, de donde resulta que el número de los términos debe ser el mismo en una y otra; pero, por otra parte, evidente-

---

[1] "A pesar de mi cálculo infinitesimal, escribía a propósito de ello, no admito un verdadero número infinito, aunque confieso que la multitud de las cosas supera todo número finito, o, mejor dicho, todo número".

mente habrá el doble de números enteros que de números pares, ya que los pares se sitúan de dos en dos en la serie de los números enteros; llegamos así a una manifiesta contradicción. Puede generalizarse este argumento tomando, en lugar de la serie de los números pares, es decir, de los múltiplos de dos, la de los múltiplos de un número cualquiera, y el razonamiento es idéntico; igualmente puede tomarse la serie de los cuadrados de los números enteros[2], o, más generalmente, la de sus potencias de un exponente cualquiera. En todos los casos, la conclusión que se alcanza es siempre la misma: que una serie que no comprende más que una parte de los números enteros, tiene el mismo número de términos que la que los comprende a todos, lo cual equivale a decir que el todo no es mayor que una parte de él; y, desde el momento que se admite que hay un número de todos los números, es imposible escapar a esta contradicción. Sin embargo, algunos han creído poder evitarla admitiendo al mismo tiempo que hay números a partir de los cuales la multiplicación por un determinado número o la elevación a una determinada potencia ya no sería posible, ya que ofrecería un resultado que superaría el pretendido "número infinito"; hay quienes incluso han sido llevados a considerar en efecto los números llamados "más grandes que el infinito", elaborando teorías como la del "transfinito" de Cantor, que pueden ser muy ingeniosas, pero que no son lógicamente válidas[3]: ¿acaso es concebible que se pueda pensar en llamar "infinito" a un número que, por el contrario, es de tal modo "finito" que ni siquiera es el mayor de todos? Por otra parte, con semejantes teorías, existirían números a los que no pudiera aplicarse ninguna de las reglas del cálculo ordinario, es decir, en suma, números que no serían verdaderamente números, y que no serían así llamados más que por convención[4]; es lo que forzosamente ocurre cuando, intentando concebir

---

[2] Es lo que hizo Cauchy, que atribuía por otra parte este argumento a Galileo (*Sept leçons de Physique générale*, 3ª lección).

[3] Ya en la época de Leibnitz, Wallis consideraba los "*spatia plus quam infinita*"; esta opinión, denunciada por Varignon por implicar una contradicción, fue igualmente sostenida por Guido Grandi en su libro *De Infinitis infinitorum*. Por otra parte, Jean Bernoulli, en el curso de sus discusiones con Leibnitz, escribía: "*Si dantur termini infiniti, dabitur etiam terminus infinitesimus (non dico ultimus) et qui eum sequuntur*", lo cual, aunque no se haya explicado más claramente, parece indicar que admitía la existencia de términos "más allá del infinito" en una serie numérica.

[4] No puede en absoluto decirse que se trata aquí de un empleo analógico de la idea de número, pues esto supondría una transposición en un dominio distinto al de la cantidad, y, por el contrario, es a la cantidad, entendida en su sentido más literal, a lo que se refieren casi exclusivamente todas las consideraciones de este tipo.

el "número infinito" de otro modo que como el mayor de los números, se consideran diferentes "números infinitos", supuestamente desiguales entre sí, y a los que se atribuyen propiedades que no tienen nada en común con las de los números ordinarios; de este modo, se escapa de una contradicción para caer en otras, y, en el fondo, todo ello no es más que producto del "convencionalismo" más carente de sentido que pueda imaginarse.

Así, la idea del pretendido "número infinito", sea cual sea la forma en que se presente y por cualquier nombre que se le quiera asignar, contiene siempre elementos contradictorios; por otra parte, no hay necesidad alguna de esta absurda suposición desde el momento en que se tiene una justa concepción de lo que realmente es la *indefinidad* del número, y se reconoce además que el número, a pesar de su *indefinidad*, no es en absoluto aplicable a todo lo que existe. No vamos ahora a insistir sobre este último aspecto, ya que lo hemos explicado suficientemente en otras obras: el número no es más que un modo de la cantidad, y la misma cantidad no es sino una categoría o un modo especial del ser, no coextensivo a éste, o, más precisamente aún, no se trata más que de una condición propia de un determinado estado de existencia en el conjunto de la existencia universal; pero es justamente esto lo que la mayoría de los modernos parecen incapaces de comprender, acostumbrados como están a querer reducirlo todo a la cantidad, e incluso a evaluarlo todo numéricamente[5]. No obstante, en el propio dominio de la cantidad, existen cosas que escapan al número, tal como veremos después con respecto a lo continuo; e, incluso sin salir de la consideración de la cantidad discontinua, ya se está forzado a admitir, al menos implícitamente, que el número no es aplicable a todo, cuando se reconoce que la multitud de todos los números no puede constituir un número, lo que, por lo demás, no es en suma sino una aplicación de la indudable verdad de que lo que limita un determinado orden de posibilidades debe estar necesariamente fuera y más allá de

---

[5] Así, Renouvier pensaba que el número es aplicable a todo, al menos idealmente, es decir, que todo es "numerable" en sí mismo, aunque seamos incluso incapaces de "numerarlo" efectivamente; de este modo, ignoraba por completo el sentido que daba Leibnitz a la idea de la "multitud", y jamás ha logrado comprender cómo la distinción de ésta con el número permite escapar a la contradicción del "número infinito".

éste[6]. Debe quedar claro que tal multitud, considerada ya en lo discontinuo, como es el caso cuando se trata de la serie de los números, ya en lo continuo, sobre lo cual volveremos más adelante, no puede en absoluto ser llamada infinita, y siempre se tratará aquí de lo indefinido; por lo demás, examinaremos ahora más de cerca esta noción de la multitud.

---

[6] Hemos dicho no obstante que una cosa particular o determinada, sea cual sea, está limitada por su propia naturaleza, pero no hay en ello ninguna contradicción: en efecto, es por la parte negativa de esta naturaleza donde está limitada (pues, como dijo Spinoza, *"omnis determinatio negatio est")*, es decir, en tanto que ésta excluye a las demás cosas y las deja fuera de ella, de manera que, en definitiva, es la coexistencia de esas otras cosas lo que limita a la cosa considerada; ésta es por otra parte la razón de que el Todo universal, y sólo él, no pueda estar limitado por nada.

Capítulo III: LA MULTITUD INNUMERABLE

Leibnitz, como hemos visto, no admite en modo alguno el "número infinito", puesto que declara por el contrario de forma expresa que éste, en cualquier sentido en que se quiera entender, implica contradicción; pero, en cambio, admite lo que él denomina una "multitud infinita", sin siquiera precisar, como al menos habrían hecho los escolásticos, que no puede tratarse, en todo caso, más que de un *infinitum secundum quid*; y la serie de los números es, para él, un ejemplo de tal multitud. No obstante, por otra parte, en el dominio cuantitativo, e incluso en lo que concierne a la magnitud continua, la idea del infinito le parece siempre como mínimo sospechosa de contradicción, pues, lejos de ser una idea adecuada, implica inevitablemente cierta parte de confusión, y no podemos estar seguros de que una idea no implica contradicción más que cuando concebimos distintamente todos sus elementos[1]; ello apenas permite conceder a esta idea sino un carácter "simbólico", o más bien "representativo", y por ello jamás ha osado, tal como más adelante veremos, pronunciarse claramente sobre la realidad de los "infinitamente pequeños"; pero este obstáculo y esta actitud dubitativa todavía hacen resaltar mejor la carencia de un principio que le permita hablar de una "multitud infinita". Nos podríamos también preguntar, tras esto, si acaso no pensaba que semejante multitud, para ser "infinita" como dice, no solamente debía no ser "numerable", lo cual es evidente, sino que además no debía ser en absoluto cuantitativa, entendiendo la cantidad en toda su extensión y en todos sus modos; ello podría ser cierto en algunos casos, pero no en todos; sea como sea, éste es un punto sobre el cual jamás se explicó claramente.

---

[1] Descartes hablaba solamente de ideas "claras y distintas"; Leibnitz precisa que una idea puede ser clara sin ser distinta, en tanto que permita tan sólo reconocer su objeto y distinguirlo de las restantes cosas, mientras que una idea distinta es aquella que no sólo es "distinguible" en este sentido, sino también "distinguida" en sus elementos; pero, mientras que Descartes creía que se podían tener ideas "claras y distintas" de todo, Leibnitz estima por el contrario que sólo las ideas matemáticas pueden ser adecuadas, al ser sus elementos en cierto modo en número definido, mientras que las demás ideas arropan una multitud de elementos cuyo análisis jamás puede ser acabado, de tal modo que siempre restan parcialmente confusas.

La idea de una multitud que supera todo número, y que, en consecuencia, no es un número, parece haber extrañado a la mayoría de quienes han discutido las concepciones de Leibnitz, sean por lo demás "finitistas" o "infinitistas"; no obstante, se trata de una idea que está lejos de ser propia de Leibnitz, como parecen haber creído igualmente, ya que, por el contrario, era una idea muy corriente entre los escolásticos[2]. Tal idea se entendía propiamente de todo lo que no es ni número ni "numerable", es decir, de todo lo que no depende de la cantidad discontinua, ya se trate de cosas que pertenecen a otros modos de la cantidad, o bien de lo que está enteramente fuera del dominio cuantitativo, pues se hablaría aquí de una idea del orden de los "trascendentales", es decir, de los modos generales del ser, que, contrariamente a sus modos especiales como la cantidad, le son coextensivos[3]. Es lo que permite hablar, por ejemplo, de la multitud de los atributos divinos, o también de la multitud de los ángeles, es decir, de seres que pertenecen a estados que no están sometidos a la cantidad y donde, en consecuencia, no puede ser cuestión de número; es también lo que nos permite considerar los estados del ser o los grados de la existencia como siendo en multiplicidad o en multitud indefinida, mientras que la cantidad no es más que una condición especial de uno sólo de ellos. Por otra parte, siendo la idea de multiplicidad, contrariamente a la de número, aplicable a todo lo que existe, debe forzosamente haber multitudes de orden cuantitativo, especialmente en lo que concierne a la cantidad continua, y por ello dijimos hace un momento que no sería cierto en todos los casos considerar a dicha "multitud infinita", es decir, la que sobrepasa todo número, como escapando por completo del dominio de la cantidad. Además, el número mismo puede ser considerado también como una especie de multitud, a condición de añadir que es, según la expresión de santo Tomás de Aquino, una "multitud medida por la unidad"; toda otra clase de multitud, no siendo "numerable", es "no-medida", es decir, que no es infinita, sino propia-

---

[2] Citaremos tan sólo un texto tomado de entre muchos otros, y que a este respecto es particularmente claro: "*Qui diceret aliquam multitudinem esse infinitam, non diceret eam esse numerum, vel numerum habere; addit etiem numerus super multitudinem rationem mensurationis. Est enim numerus multitudo mensurata per unum, ...et propter hoc numerus ponitur especies quantitatis discretae, non autem multitudo, sed est de trascendentibus*" (santo Tomás de Aquino, "*in III Phys.*", 1, 8).

[3] Es sabido que los escolásticos, incluso en la parte propiamente metafísica de sus doctrinas, jamás han ido más allá de la consideración del Ser, de modo que, de hecho, la metafísica se reduce para ellos a la ontología.

mente indefinida.

Conviene notar, a propósito de ello, un hecho bastante singular: para Leibnitz, esta multitud, que no constituye un número, es sin embargo un "resultado de las unidades"[4]; ¿qué debe entenderse por ello, y de qué unidades puede tratarse? La palabra unidad puede ser tomada en dos sentidos completamente diferentes: está, por un lado, la unidad aritmética o cuantitativa, que es el elemento primero y el punto de partida del número, y, por otro, lo que análogamente es designado como la Unidad metafísica, que se identifica con el Ser puro; no creemos que exista otra acepción posible aparte de éstas; pero, por otra parte, cuando se habla de las "unidades", empleando el plural, no puede ser evidentemente más que en sentido cuantitativo. Si así es, la suma de las unidades no puede ser más que un número, y en absoluto puede superar al número; es cierto que Leibnitz dice "resultado" y no "suma", pero esta distinción, aunque fuera deseada, deja todavía subsistir una molesta oscuridad. Por lo demás, él declara que la multitud, sin ser un número, es no obstante concebida por analogía con el número: "Cuando hay además cosas, dice, que no pueden estar comprendidas en ningún número, les atribuimos no obstante analógicamente un número, al que llamamos infinito", aunque no sea ésta más que una "manera de hablar", un *modus loquendi*[5], e incluso, en esta forma, una manera de hablar muy incorrecta, ya que, en realidad, no se trata en absoluto de un número; pero, sean cuales sean las imperfecciones de la expresión y las confusiones a las que pueden dar lugar, debemos admitir, en todo caso, que una identificación entre la multitud y el número no estaba con seguridad en el fondo de su pensamiento.

Otro punto al que Leibnitz parece dar gran importancia es que el "infinito", tal como él lo concibe, no constituye un todo[6]; ésta es una condición considerada por él como necesaria para que dicha idea

---

[4] *Système nouveau de la nature et de la communication des substances.*

[5] *"Observatio quod rationes sive proportiones non habeant locum circa quantitates nihilo minores, et de vero sensu Methodi infinitesimalis"*, en las *Acta Eruditorum* de Leipzig, 1712.

[6] Cf. especialmente ibid. : *"Infinitum continuum vel discretum propie nec unum, nec totum, nec quantum est"*, donde la expresión *"nec quantum"* parece querer decir que para él, tal como hemos indicado anteriormente, la "multitud infinita" no debe ser concebida cuantitativamente, a menos que por *quantum* no solamente haya entendido aquí una cantidad definida, como la habría sido el pretendido "número infinito" del que se ha demostrado su contradicción.

escape a la contradicción, pero hay también otro punto que no deja de ser también bastante oscuro. Cabe preguntarse de qué clase de "todo" se trata aquí, y en primer lugar es preciso descartar por completo la idea del Todo universal, que es por el contrario, como hemos dicho desde el principio, el propio Infinito metafísico, es decir, el único verdadero Infinito, y que en absoluto podría estar aquí en cuestión; en efecto, ya se trate de lo continuo o de lo discontinuo, la "multitud infinita" que considera Leibnitz se mantiene, en todos los casos, en un dominio restringido y contingente, de orden cosmológico y no metafísico. Se trata evidentemente, por lo demás, de un todo concebido como compuesto de partes, mientras que, así como en otro lugar hemos explicado[7], el Todo universal es propiamente "sin partes", en razón mismo de su infinitud, puesto que, debiendo ser tales partes necesariamente relativas y finitas, no podrían tener con él ninguna relación real, lo que significa que no existen para él.

Debemos pues limitarnos, en cuanto a la cuestión planteada, a la consideración de un todo particular; pero incluso así, y precisamente en lo que concierne al modo de composición de semejante todo y a su relación con sus partes, cabe considerar dos casos, correspondientes a dos acepciones diferentes de esta palabra "todo". En primer lugar, si se trata de un todo que no es ni más ni menos que la simple suma de sus partes, de las que está compuesto a la manera de una suma aritmética, lo que dice Leibnitz es en el fondo evidente, pues este modo de formación es precisamente el propio del número, y no nos permite sobrepasar el número; pero, a decir verdad, esta noción, lejos de representar la única manera de la que un todo puede ser concebido, no es siquiera la de un todo verdadero en el sentido más riguroso de la palabra. En efecto, un todo que no es así más que la suma o el resultado de sus partes, y que, en consecuencia, es lógicamente posterior a éstas, no es, en tanto que todo, más que un *ens rationis*, pues no es "uno" y "todo" más que en la medida en que lo concebimos como tal; en sí mismo no es propiamente hablando sino una "colección", y somos nosotros quienes, por la forma en que lo consideramos, le conferimos, en cierto sentido relativo, los caracteres de unidad y de totalidad. Por el contrario, un todo verdadero, que posea estos caracteres por su propia naturaleza,

---

debe ser lógicamente anterior a sus partes e independiente de ellas: tal es el caso de un conjunto continuo, al que podemos dividir en partes arbitrarias, es decir, de una magnitud cualquiera, pero que en absoluto presupone la actual existencia de esas partes; somos nosotros quienes le damos a las partes como tales una realidad, por una división ideal o efectiva, y así este caso es exactamente el inverso del anterior.

Ahora bien, toda la cuestión consiste en suma en saber si, cuando Leibnitz dice que "el infinito no es un todo", excluye tanto este segundo sentido como el primero; así parece, e incluso es muy probable, ya que es el único caso en el que un todo es verdaderamente "uno", y el infinito, según él, es "*nec unum, nec totum*". Lo que le sirve de confirmación es que este caso, y no el primero, es el que se aplica a un ser vivo o a un organismo cuando se lo considera desde el punto de vista de la totalidad; ahora bien, Leibnitz dice: "Tampoco el Universo es un todo, y no debe ser concebido como un animal cuya alma es Dios, tal como hacían los antiguos"[8]. Sin embargo, si es así, no se comprende muy bien cómo las ideas de lo infinito y de lo continuo pueden estar conectadas como a menudo lo están para él, pues la idea de lo continuo se vincula precisamente, al menos en cierto sentido, con esta segunda concepción de la totalidad; pero éste es un punto que podrá ser mejor comprendido a continuación. Lo seguro en todo caso es que, si Leibnitz hubiera concebido un tercer sentido de la palabra "todo", sentido puramente metafísico y superior a los otros dos, es decir, la idea del Todo universal tal como la hemos expuesto en un principio, no habría podido decir que la idea del infinito excluye la totalidad, pues en otro lugar declara: "Lo infinito real es quizá lo absoluto mismo, que no está compuesto de partes, pero que, teniendo partes, las comprende por razón eminente y como en el grado de perfección"[9]. Hay aquí al menos un "vislumbre", se podría decir, pues, esta vez, como por excepción,

---

[8] Carta a Jean Bernoulli. Leibnitz atribuye aquí bastante gratuitamente a los antiguos en general una opinión que, en realidad, no era sino la de algunos de ellos; manifiestamente pensaba en la teoría de los estoicos, que concebían a Dios como únicamente inmanente y lo identificaban con el *Anima Mundi*. Es evidente, por lo demás, que no se trata aquí más que del Universo manifestado, es decir, del "cosmos", y no del Todo universal, que comprende todas las posibilidades, tanto no manifestadas como manifestadas.

[9] Carta a Jean Bernoulli, 7 de junio de 1698.

toma la palabra "infinito" en su verdadero sentido, aunque sea erróneo decir que este infinito "tiene partes", sea cual sea la manera en que se quiera entender; pero es extraño que incluso entonces no exprese su pensamiento más que de una forma dubitativa y confusa, como si no se hubiera fijado exactamente en el significado de esta idea; y quizá jamás lo haya hecho en efecto, pues de otro modo no se explicaría que tan a menudo se haya desviado de su sentido propio, y que a veces sea tan difícil, cuando habla del infinito, saber si su intención ha sido la de tomar a este término "con rigor", aunque sea equivocadamente, o si no ha visto en ello más que una simple "manera de hablar".

Capítulo IV: LA MEDIDA DE LO CONTINUO

Hasta ahora, cuando hemos hablado del número pensábamos, exclusivamente, en el número entero, y así debía ser lógicamente, ya que considerábamos la cantidad numérica como siendo propiamente la cantidad discontinua: en la serie de los números enteros, siempre hay, entre dos términos consecutivos, un intervalo perfectamente definido, marcado por la diferencia de una unidad existente entre ambos números, y que, cuando uno se atiene a la consideración de los números enteros, no puede ser reducida en modo alguno. Por otra parte, en realidad, sólo el número entero es el verdadero número, lo que podría llamarse el número puro; y la serie de los números enteros, partiendo de la unidad, va creciendo indefinidamente, sin llegar jamás a un último término cuya suposición, como hemos visto, es contradictoria; pero es evidente que esta serie se desarrolla en un único sentido, de modo que el sentido opuesto, que sería el de lo indefinidamente menguante, no puede encontrar su representación, aunque desde un punto de vista diferente, como más adelante mostraremos, haya cierta correlación y una especie de simetría entre la consideración de las cantidades indefinidamente crecientes y la de las cantidades indefinidamente menguantes. No obstante, no hemos examinado todavía esto, y hemos sido conducidos a considerar distintas clases de números, diferentes a los números enteros; éstos son, como habitualmente se dice, extensiones o generaciones de la idea de número, y ello es verdad en cierta forma; pero, al mismo tiempo, tales extensiones son también alteraciones, y es esto lo que los matemáticos modernos parecen olvidar muy fácilmente, ya que su "convencionalismo" les hace ignorar su origen y su razón de ser. De hecho, los números distintos a los enteros se presentan siempre, ante todo, como la figuración del resultado de operaciones que son imposibles si nos mantenemos en el punto de vista de la aritmética pura, no siendo ésta en rigor más que la aritmética de los números enteros: así, por ejemplo, un número fraccionario no es sino la representación del resultado de una división que no se efectúa exactamente, es decir, en realidad, una división aritméticamente imposible, lo cual se reconoce por otra parte implícitamente al decir, según la terminología matemática ordinaria, que uno de los dos números considerados no es divisible por el otro. Cabe señalar desde ahora que la definición que comúnmente se da de los números fraccionarios es absurda: las fracciones no pueden en absoluto ser "partes de la unidad", como se dice, pues la verdadera unidad aritmética es necesariamente indivisible y sin partes; de ello resulta por lo demás la esencial discontinuidad del número formado a partir de ella; pero veamos de dónde proviene tal absurdo.

En efecto, el resultado de las operaciones que acabamos de indicar llega a alcanzarse de un modo arbitrario, en lugar de limitarse a considerarlas pura y simplemente como imposibles; de manera general, es una consecuencia de la aplicación que se hace del número, cantidad discontinua, a la medición de magnitudes que, como las espaciales, por ejemplo, son del orden de la cantidad continua. Entre estos dos modos de la cantidad, existe una diferencia de tal naturaleza que la correspondencia entre ambos no puede ser perfectamente establecida; para remediarlo hasta cierto punto, y en la medida de lo posible, se intenta reducir en cierto modo los intervalos de esta discontinuidad constituida por la serie de los números enteros introduciendo entre sus términos otros números, y en primer lugar los números fraccionarios, que no tendrían ningún sentido fuera de esta consideración. Es entonces fácil comprender que el absurdo anteriormente indicado, en lo que concierne a la definición de las fracciones, proviene simplemente de una confusión entre la unidad aritmética y lo que se denomina las "unidades de medida", unidades que no son tales más que convencionalmente, y que en realidad son magnitudes de una especie diferente a la del número, especialmente las magnitudes geométricas. La unidad de longitud, por ejemplo, no es más que una determinada longitud escogida por razones extrañas a la aritmética, a la que se hace corresponder el número 1 a fin de poder medir con respecto a ella todas las demás longitudes; pero, por su propia naturaleza de magnitud discontinua, ninguna longitud, aunque esté representada numéricamente por la unidad, deja de ser siempre e indefinidamente divisible; será posible entonces, al compararla con otras longitudes que sean sus múltiples exactos, la consideración de partes en esta unidad de medida, pero que en absoluto serán por ello partes de la unidad aritmética; es solamente así como se introduce realmente la consideración de los números fraccionarios, como representación de relaciones entre magnitudes que no son exactamente divisibles unas por otras. La medida de una magnitud no es en efecto otra cosa que la expresión numérica de su relación con otra magnitud de la misma especie tomada como unidad de medida, es decir, en el fondo, como término de comparación; por ello, el método ordinario de medida de las magnitudes geométricas está esencialmente fundado en la división.

Debe decirse, por otra parte, que, a pesar de ello, siempre subsiste forzosamente algo de la naturaleza discontinua del número, que no permite que así se obtenga un equivalente perfecto de lo continuo; pueden reducirse los intervalos tanto como se quiera, es decir, en suma, reducirlos indefinidamente, haciéndolos más pequeños que cualquier cantidad dada en principio, pero jamás llegarán a ser completamente suprimidos. Para comprender esto mejor, tomemos el ejemplo más simple de un continuo geométrico, es decir, una línea recta: consideremos una semirrecta que se extienda indefinidamente en cierto sentido[1], y convengamos en hacer corresponder a cada uno de sus puntos el número que expresa la distancia entre este punto y el origen; éste estará representado por el cero, siendo su distancia a sí mismo evidentemente nula; a partir de este origen, los números enteros corresponderán a las sucesivas extremidades de segmentos iguales entre sí e iguales también a la unidad de longitud; los puntos comprendidos entre éstos no podrán ser representados más que por números fraccionarios, ya que sus distancias hasta el origen no son múltiples exactos de la unidad de longitud. Es evidente que, a medida que se adopten números fraccionarios con un denominador mayor, la diferencia entre ellos será cada vez más pequeña, pues los intervalos entre los puntos a los que correspondan tales números se hallaran reducidos en la misma proporción; puede hacerse así menguar a estos intervalos indefinidamente, al menos en teoría, ya que los denominadores de los números fraccionarios posibles son todos los números enteros, cuya serie crece indefinidamente[2]. Decimos en teoría, porque, de hecho, siendo indefinida la multitud de los números fraccionarios, jamás

---

[1] Se verá a continuación, a propósito de la representación geométrica de los números negativos, por qué razón no debemos considerar aquí más que una semirrecta; por lo demás, el hecho de que la serie de los números no se desarrolle más que en un solo sentido, tal como hemos dicho, basta ya para indicar la razón de ello.

[2] Esto será más precisado cuando hablemos de los números inversos.

podrá llegar a emplearse toda al completo; pero supongamos no obstante que se hagan corresponder idealmente todos los números fraccionarios posibles con puntos de la semirrecta considerada: a pesar del indefinido decrecimiento de los intervalos, aún quedará en esta línea una multitud de puntos a los cuales no corresponderá ningún número. Esto puede parecer singular e incluso paradójico a primera vista, y sin embargo es fácil darse cuenta de ello, pues tal punto puede ser obtenido por medio de una construcción geométrica muy simple: construyamos un cuadrado que tenga por lado el segmento de recta cuyas extremidades sean los puntos 0 y 1, tracemos las diagonales de este cuadrado que parte del origen y la circunferencia que tiene como centro este origen y como radio la diagonal; el punto en que esta circunferencia corte la semirrecta no podrá ser representado por ningún número entero o fraccionario, ya que su distancia al origen es igual a la diagonal del cuadrado y ésta es inconmensurable con su lado, es decir, aquí, con la unidad de longitud. Así, la multitud de los números fraccionarios, a pesar del indefinido decrecimiento de sus diferencias, no puede bastar para llenar, si podemos expresarnos así, los intervalos entre los puntos contenidos en la línea[3], lo que significa que esta multitud no es un equivalente real y adecuado del continuo lineal; estamos forzados entonces, para expresar la medida de ciertas longitudes, a introducir todavía otras clases de números, que son lo que se llama los números inconmensurables, es decir, aquellos que no tienen medida común con la unidad. Tales son los números irracionales, es decir, aquellos que representan el resultado de una extracción de raíz aritméticamente imposible, por ejemplo la raíz cuadrada de un número que no sea un cuadrado perfecto; es así como, en el anterior ejemplo, la relación entre la diagonal del cuadrado y su lado, y por consiguiente el punto cuya distancia al origen es igual a dicha diagonal, no pueden ser representados más que por el número irracional $\ddot{O}2$, que es verdaderamente inconmensurable, pues no existe ningún número entero o fraccionario cuyo cuadrado sea igual a 2; y, aparte de estos números irracionales, hay todavía otros números inconmensurables cuyo origen geométrico es evidente, como, por ejemplo, el número π (pi), que representa la relación entre la cir-

---

[3] Es importante observar que no decimos los puntos que componen o que constituyen la línea, lo que respondería a una concepción falsa de lo continuo, tal como lo demostrarán las consideraciones que más adelante expondremos.

cunferencia y su diámetro.

Sin entrar ahora en la cuestión de la "composición de lo continuo", se comprueba que el número, sea cual sea la extensión que se otorgue a su idea, jamás le es perfectamente aplicable: tal aplicación viene siempre en suma a reemplazar a lo continuo por un discontinuo cuyos intervalos pueden ser muy pequeños, e incluso serlo cada vez más por una serie indefinida de sucesivas divisiones, pero sin llegar nunca a poder ser suprimidos, pues, en realidad, no existen "últimos elementos" en los que tales divisiones puedan desembocar, pues una cantidad continua, por pequeña que sea, siempre es indefinidamente divisible. A estas divisiones de lo continuo responde propiamente la consideración de los números fraccionarios; pero, y esto es lo que particularmente importa retener, una fracción, por ínfima que sea, siempre es una cantidad determinada, y entre dos fracciones, por poco diferentes entre sí que se las quiera suponer, hay siempre un intervalo igualmente determinado. Ahora bien, la propiedad de divisibilidad indefinida que caracteriza a las magnitudes continuas exige evidentemente que siempre se puedan tomar elementos tan pequeños como se quiera, y que los intervalos que existen entre dichos elementos puedan ser también más reducidos que cualquier cantidad determinada; pero, además, y aquí aparece la insuficiencia de los números fraccionarios, e incluso podemos decir de todo número sea cual sea, tales elementos y tales intervalos, para que realmente exista continuidad, no deben ser concebidos como algo determinado. Por consiguiente, la representación más perfecta de la cantidad continua será obtenida por la consideración de magnitudes ya no fijas y determinadas como éstas de que acabamos de hablar, sino, por el contrario, variables, ya que entonces su variación podrá ser considerada como efectuándose de una manera continua; y estas cantidades deberán ser susceptibles de menguar indefinidamente, debido a su variación, sin anularse ni alcanzar jamás un "mínimo", que no sería menos contradictorio que los "últimos elementos" de lo continuo: es ésta, precisamente, como veremos, la verdadera noción de las cantidades infinitesimales.

Capítulo V: CUESTIONES PRESENTADAS POR EL MÉTODO INFINITESIMAL

Cuando Leibnitz escribió la primera exposición del método infinitesimal[1], y también en otros muchos trabajos que le siguieron[2], insistió especialmente sobre el empleo y las aplicaciones del nuevo cálculo, lo que era conforme a la tendencia moderna de atribuir más importancia a las aplicaciones prácticas de la ciencia que a la propia ciencia como tal; sería por otra parte difícil decir si esta tendencia existía verdaderamente en Leibnitz, o si por el contrario se trataba, con esta manera de presentar su método, de una especie de concesión por su parte. Sea como fuere, ciertamente no basta, para justificar un método, con mostrar las ventajas que puede tener sobre otros métodos anteriormente admitidos, ni las comodidades que en la práctica puede ofrecer para el cálculo, ni tampoco los resultados que de hecho puede suministrar; esto es lo que los adversarios del método infinitesimal no dejaron de hacer valer, y fueron tan sólo sus objeciones lo que decidió a Leibnitz a explicarse sobre los principios y los orígenes de su método. Acerca de este último punto es por otra parte muy posible que jamás lo haya dicho todo, pero ello importa poco en el fondo, pues, a menudo, las causas ocasionales de un descubrimiento no son debidas sino a circunstancias bastante insignificantes en sí mismas; en todo caso, lo que hay para nosotros de interesante en las indicaciones que ofrece a este respecto[3] es que él parte de la consideración de las diferencias "asignables" que pueden concebirse entre las magnitudes geométricas en razón de su continuidad, y que incluso daba a este orden una gran importancia, como siendo en cierto modo "exigido por la naturaleza de las cosas". De ello se sigue que las cantidades infinitesimales, para él, no se presentan naturalmente a nosotros de una manera inme-

---

[1] *"Nova Methodus pro maximis et minimis, itemque tangentibus, quae nec fractas nec irrationales quantitates moratur, et singulare pro illis calculi genus"*, en las *Acta Eruditorum* de Leipzig, 1684.

[2] *De Geometria recondita et Analysi indivisibilium atque infinitorum*, 1686. Los siguientes trabajos se refieren todos a la solución de problemas particulares.

[3] Principalmente en su correspondencia, y también en *Historia et origo calculi differentialis*, 1714.

diata, sino solamente como un resultado del paso de la variación de la cantidad discontinua a la de la cantidad continua, y de la aplicación de la primera a la medida de la segunda.

Ahora bien, ¿cuál es exactamente el significado de estas cantidades infinitesimales cuyo empleo, sin haber sido previamente definido lo que por ello entendía, se ha reprochado a Leibnitz? y este significado, ¿le permitía considerar su cálculo como absolutamente riguroso, o, por el contrario, solamente como un simple método de aproximación? Responder a estas preguntas implicaría resolver las más importantes objeciones que le hayan sido dirigidas; pero, lamentablemente, jamás lo hizo de forma clara, y ni siquiera las diversas respuestas que dio parecen siempre perfectamente conciliables entre sí. A propósito de ello, es oportuno indicar que Leibnitz tenía además, de manera general, la costumbre de explicar de forma diferente las mismas cosas según a quien se dirigiera; ciertamente, no seremos nosotros quienes le reprochemos tal manera de actuar, solamente irritante para los espíritus sistemáticos, pues, en principio, no hacía con ello más que conformarse a un precepto iniciático, y más particularmente rosacruciano, según el cual conviene hablar a cada uno su propio lenguaje; pero el caso es que a menudo lo aplicaba bastante mal. En efecto, si es evidentemente posible revestir a una verdad de diferentes expresiones, es obvio que ello debe hacerse sin jamás deformarla ni aminorarla, y que es siempre preciso abstenerse cuidadosamente de toda manera de hablar que pudiera dar lugar a falsas concepciones; Leibnitz no supo en muchos casos cómo hacer esto[4]. Así, planteó la "acomodación" hasta tal punto que a veces parecía dar la razón a quienes no han querido ver en su cálculo más que un método de aproximación, pues llegó a presentarlo como siendo una especie de compendio del "método de agotamiento" de los antiguos, propio para facilitar descubrimientos, pero cuyos resultados debe ser después verificados metódicamente si se quiere dar de ellos una demostración rigurosa; y, sin embargo, es seguro que no era éste el fondo de su pensamiento y que, en realidad, veía en ello mucho más que un simple expediente destinado a facilitar los cálculos.

---

[4] En lenguaje rosacruciano, se diría que ello, tanto o incluso más que el fracaso de sus proyectos de "*characteristica universalis*", demuestra que, si tenía alguna idea teórica de lo que era el "don de lenguas", estaba no obstante lejos de haberlo recibido efectivamente.

Leibnitz declaró frecuentemente que las cantidades infinitesimales no son sino "incomparables", pero, en cuanto al sentido preciso en el que debe ser entendida esta palabra, llegó a ofrecer una explicación no solamente poco satisfactoria, sino incluso muy lamentable, pues no podía más que facilitar armas a sus adversarios, quienes por otra parte no dejaron de servirse de ellas; tampoco aquí expresó ciertamente su verdadero pensamiento, y podemos ver en ello otro ejemplo, todavía más grave que el anterior, de esa "acomodación" excesiva que le hacía sustituir con opiniones erróneas una expresión "adaptada" de la verdad. En efecto, Leibnitz escribió lo siguiente: "No hay necesidad de tomar aquí al infinito rigurosamente, sino tan sólo como cuando se dice en óptica que los rayos del sol vienen de un punto infinitamente alejado, de modo que son considerados como paralelos. Y cuando hay numerosos grados de lo infinito o de lo infinitamente pequeño, es como cuando el globo terráqueo es considerado como un punto con respecto a la distancia de las estrellas fijas, y también como cuando una pelota en nuestras manos es vista como un punto en comparación con el diámetro del globo terrestre, de manera que la distancia hasta las estrellas fijas es como un infinito del infinito con respecto al diámetro de la pelota. Pues en lugar de lo infinito o de lo infinitamente pequeño se toman cantidades tan grandes y tan pequeñas como haga falta para que el error resultante sea menor que el error dado, de forma que nuestro método no difiere del estilo de Arquímedes más que en sus expresiones más directas y más conformes al arte de inventar"[5]. Jamás se dejó de hacer ver a Leibnitz que, por pequeño que sea el globo terráqueo con respecto al firmamento, o un grano de arena con respecto a la tierra, no por ello dejan de ser cantidades fijas y determinadas, y que, si bien una de éstas puede ser considerada como prácticamente despreciable en comparación con la otra, no hay aquí sin embargo más que una simple aproximación; respondió que solamente había querido "evitar las sutilidades" y "hacer el razonamiento sensible para todo el mundo"[6], lo cual confirma nuestra interpretación, y, por añadidura, es ya como una manifestación de la tendencia "vulgarizadora" de los científicos modernos.

---

[5] "Memoire de M. G. G. Leibnitz touchant son sentiment sur le Calcul différentiel", en el *Journal de Trévoux*, 1701.

[6] *Carta a Varignon*, 2 de febrero de 1702.

Es extraordinario que más tarde haya podido escribir: "Al menos, nada había allí escrito que pudiera hacer dudar que yo pensaba en una cantidad muy pequeña, sí, pero siempre fija y determinada", a lo que añade: "Además, hace ya algunos años que escribí a Bernoulli de Groningue que los infinitos y los infinitamente pequeños podían ser tomados por ficciones, semejantes a las raíces imaginarias[7], sin que ello debiera afectar a nuestro cálculo, pues tales ficciones son útiles y están realmente bien fundadas"[8]. Por otra parte, parece que jamás entendió exactamente la falsedad de la comparación de la que se servía, pues llega a reproducirla en los mismos términos una docena de años después[9]; pero, ya que al menos declaró expresamente que su intención no había sido la de presentar a las cantidades infinitesimales como determinadas, debemos deducir que, para él, el sentido de esta comparación se reducía a lo siguiente: un grano de arena, aunque no sea infinitamente pequeño, puede ser considerado, no obstante, y sin inconvenientes apreciables, como tal con relación a la tierra, y así no hay necesidad de considerar a los infinitamente pequeños "en rigor", pues incluso pueden, si se quiere, ser entendidos como ficciones; pero, como quiera que se la entienda, tal consideración no deja de ser manifiestamente impropia para dar del cálculo infinitesimal una idea diferente a la de un simple cálculo de aproximación, con seguridad insuficiente a los ojos del propio Leibnitz.

---

[7] Las raíces imaginarias son las raíces de los números negativos; más adelante hablaremos de la cuestión de los números negativos y de las dificultades lógicas a las que dan lugar.

[8] *Carta a Varignon*, 14 de abril de 1702.

[9] Memoria ya citada anteriormente, en las *Acta Eruditorum* de Leipzig, 1712.

Capítulo VI: LAS "FICCIONES BIEN FUNDADAS"

El pensamiento que Leibnitz expresa de la manera más constante, aunque no siempre lo afirme con la misma fuerza, y aunque incluso a veces, excepcionalmente, parezca no desear pronunciarse categóricamente a este respecto, consiste en que, en el fondo, las cantidades infinitas e infinitamente pequeñas no son más que ficciones; pero, como añade, son "ficciones bien fundadas", y, con ello, no entiende simplemente que sean útiles para el cálculo[1], o para hacer "que se encuentren verdades reales", aunque igualmente llegue a insistir en esta utilidad; constantemente repite que tales ficciones están "en realidad fundadas", que tienen *fundamentum in re*, lo que evidentemente implica algo más que un valor puramente utilitario; y, en definitiva, este valor debe, para él, explicarse por el fundamento que dichas ficciones poseen en la realidad. En todo caso, estima que es suficiente, para que el método sea seguro, considerar no ya cantidades infinitas e infinitamente pequeñas en el sentido riguroso de tales expresiones, puesto que este sentido riguroso no corresponde a realidad alguna, sino cantidades tan grandes o tan pequeñas como se quiera, o bien que el método es necesario para que el error sea menor a cualquier cantidad determinada; aún sería preciso examinar si es cierto que, como declara, este error es por ello mismo nulo, es decir, si esta manera de considerar el cálculo infinitesimal le otorga un fundamento perfectamente riguroso, pero sobre esta cuestión deberemos volver un poco más adelante. Sea cual sea la solución de este último punto, los enunciados en los que figuran las cantidades infinitas e infinitamente pequeñas entran para él en la categoría de las afirmaciones que, según dice, no son más que *toleranter verae*, o lo que en francés se llamaría "*passables*", que tienen necesidad de ser "rectificadas" por la explicación que se les dé, al igual que cuando se entienden las cantidades negativas como "menores a cero", y en muchos otros casos en los que el lenguaje de los geómetras implica "cierta manera de hablar figurada y críptica"[2]; esta última palabra parecería ser una alusión al

---

[1] Es en esta consideración de la utilidad práctica donde Carnot ha creído encontrar una justificación suficiente; es evidente que, de Leibnitz a él, la tendencia "pragmatista" de la ciencia moderna se ha acentuado gravemente.

[2] Memoria ya citada, en las *Acta Eruditorum* de Leipzig, 1712.

sentido simbólico y profundo de la geometría, pero éste es algo muy distinto a aquello en lo que Leibnitz pensaba, y quizá no haya aquí, como bastante a menudo ocurre en él, más que el recuerdo de algún dato esotérico más o menos mal comprendido.

En cuanto al sentido en que debe entenderse que las cantidades infinitesimales son "ficciones bien fundadas", Leibnitz declara que "los infinitos y los infinitamente pequeños están de tal modo fundados que todo se hace en geometría, e incluso en la naturaleza, como si fueran perfectas realidades"[3]; para él, en efecto, todo lo que existe en la naturaleza implica en cierto modo la consideración de lo infinito, o al menos de lo cree poder así denominar: "La perfección del análisis de los trascendentes o de la geometría en la que entre la consideración de algún infinito, dice, sería sin duda la más importante a causa de la aplicación que puede hacerse a las operaciones de la naturaleza, que hace entrar al infinito en todo lo que hace"[4]; pero esto quizá sea tan sólo, ciertamente, porque no podemos tener ideas adecuadas, y porque siempre entran en juego elementos que no percibimos distintamente. Si así fuera, no deberían tomarse demasiado literalmente afirmaciones como, por ejemplo, la siguiente: "Al ser nuestro método propiamente esa parte de la matemática general que trata del infinito, es muy necesario aplicarlo a la física, puesto que el carácter del Autor infinito entra ordinariamente en las operaciones de la naturaleza"[5]. Pero, incluso aunque Leibnitz solamente entienda por ello que la complejidad de las cosas naturales supera incomparablemente los límites de nuestra percepción distintiva, no por ello deja de ser cierto que las cantidades infinitas e infinitamente pequeñas deben tener su *fundamentum in re*; y este fundamento que se encuentra en la naturaleza de las cosas, al menos en la forma en que ésta es por él concebida, no es sino lo que él denomina la "ley de continuidad", ley que deberemos examinar más adelante, y a la que considera, con razón o sin ella, como no siendo en suma más que un caso particular de cierta "ley de justicia", que en definitiva se relaciona con la consideración del orden y la armonía, y que igualmente encuentra aplicación siempre que

---

[3] Carta ya citada a Varignon, 2 de febrero de 1702.

[4] Carta al marqués del Hospital, 1693.

[5] "Considérations sur la différence qu'il y a entre l'Analyse ordinaire et le nouveau Calcul des trascendantes", en el *Journal des Sçavans*, 1694.

una cierta simetría debe ser observada, tal como ocurre por ejemplo en las combinaciones y las permutaciones.

Ahora bien, si las cantidades infinitas e infinitamente pequeñas no son más que ficciones, y admitiendo incluso que éstas estén realmente "bien fundadas", podemos preguntarnos lo siguiente: ¿por qué emplear tales expresiones, que, aunque puedan ser consideradas como *toleranter verae*, no dejan por ello de ser incorrectas? Hay aquí algo que presagia ya, podríamos decir, el "convencionalismo" de la ciencia actual, aunque con la notable diferencia de que ésta ya no se preocupa en absoluto por saber si las ficciones que maneja están fundadas o no, o, según otra expresión de Leibnitz, si pueden ser interpretadas *sano sensu*, ni tampoco si poseen un significado cualquiera. Puesto que por otra parte se pueden evitar estas cantidades ficticias, y limitarse a considerar en su lugar cantidades a las que simplemente se puede hacer tan grandes o tan pequeñas como se quiera, y que, por tal razón, pueden ser llamadas indefinidamente grandes e indefinidamente pequeñas, sin duda habría sido mejor comenzar con esto, y evitar así introducir ficciones que, sea cual pueda ser por otra parte su *fundamentum in re*, no tienen en suma ningún empleo efectivo, no sólo para el cálculo, sino tampoco para el propio método infinitesimal. Las expresiones "indefinidamente grande" e "indefinidamente pequeño", o, lo que es lo mismo, pero quizá más preciso, "indefinidamente creciente" e "indefinidamente menguante", no solamente tienen la ventaja de ser las únicas rigurosamente exactas; también la de mostrar claramente que las cantidades a las que se aplican no pueden ser sino cantidades variables y no determinadas.

Como con razón ha dicho un matemático, "lo infinitamente pequeño no es una cantidad muy pequeña, que tenga un valor actual, susceptible de determinación; su carácter consiste en ser eminentemente variable y poder adoptar un valor menor a cualquiera que pudiera precisarse; sería mucho mejor llamarla indefinidamente pequeña"[6].

---

[6] Ch. de Freycinet, *De l'Analyse infinitésimale*, pp. 21-22. El autor añade: "Pero ya que la primera denominación (la de infinitamente pequeña) ha prevalecido en el lenguaje, hemos creído deber conservarla". Con toda seguridad, éste es un escrúpulo excesivo, pues el empleo no puede bastar para justificar las incorrecciones y las impropiedades del lenguaje, y, si nunca se osara alzarse contra los abusos de este género, ni siquiera se podría intentar introducir en los términos más exactitud y precisión que los que implica su uso corriente.

El empleo de tales términos habría evitado muchas dificultades y discusiones, y no hay nada extraño en ello, pues no se trata de una simple cuestión de palabras, sino de la sustitución de una idea falsa por una idea justa, de una ficción por una realidad; no hubiera permitido, especialmente, la interpretación de las cantidades infinitesimales por cantidades fijas y determinadas, pues la palabra "indefinido" implica siempre por sí misma una idea de "devenir", tal como antes hemos indicado, y en consecuencia de cambio o, cuando se trata de cantidades, de variación; y, si Leibnitz se hubiera servido de ella habitualmente, sin duda no se habría dejado conducir tan fácilmente a la molesta comparación del grano de arena. Por añadidura, reducir *infinite parva ad indefinite parva* habría sido en todo caso más claro que hacerlo *ad incomparabiliter parva*; habría ganado precisión, sin que por ello la exactitud tuviera nada que perder, sino muy al contrario. Las cantidades infinitesimales son con seguridad "incomparables" a las cantidades ordinarias, pero esto podría entenderse de más de una manera, y efectivamente se ha entendido a menudo en sentidos diferentes al que habría hecho falta; es mejor decir que son "inasignables", según otra expresión de Leibnitz, pues este término parece no poder entenderse rigurosamente sino de las cantidades que son susceptibles de hacerse tan pequeñas como se quiera, y a las cuales no se puede, consecuentemente, "asignar" ningún valor determinado, por pequeño que sea, y es en efecto éste el sentido de las *indefinite parva*. Lamentablemente, es casi imposible saber si, en el pensamiento de Leibnitz, "incomparable" e "inasignable" son verdadera y completamente sinónimos; pero, en todo caso, al menos es seguro que una cantidad propiamente "inasignable", en razón de la posibilidad de decrecimiento indefinido que implica, es por ello "incomparable" a toda cantidad determinada, e incluso, para extender esta idea a los diferentes órdenes infinitesimales, a toda cantidad con relación a la cual puede menguar indefinidamente, mientras que esta misma cantidad es considerada como poseyendo una fijeza al menos relativa.

Si hay un punto sobre el cual todo el mundo puede en suma ponerse fácilmente de acuerdo, incluso sin profundizar demasiado en cuestiones de principios, es que la idea de lo indefinidamente pequeño, desde el punto de vista puramente matemático al menos, basta perfectamente para el análisis infinitesimal, y los mismos "infinitistas" reconocen esto sin grandes esfuerzos[7]. Podemos entonces, a este respecto, atenernos a una definición como la de Carnot: "¿Qué es una cantidad denominada infinitamente pequeña en matemáticas? Nada más que una cantidad a la que se puede hacer tan pequeña como se quiera, sin que por ello se esté obligado a variar aquellas otras con las que se busca una relación"[8]. Pero, en cuanto al verdadero significado de las cantidades infinitesimales, no toda la cuestión se limita a ello: poco importa, para el cálculo, que los infinitamente pequeños no sean más que ficciones, ya que nos podemos limitar a la consideración de los indefinidamente pequeños, que no ofrece ninguna dificultad lógica; y, por otra parte, desde el momento en que, por las razones metafísicas que hemos expuesto en un principio, no podemos admitir un infinito cuantitativo, ya sea de grandeza o de pequeñez[9], ni ningún infinito de un orden determinado y relativo cualquiera, es cierto que en efecto no pueden ser más que ficciones y ninguna otra cosa; pero, si estas ficciones han sido introducidas, con o sin razón, en el origen del cálculo infinitesimal, es porque, en la intención de Leibnitz, debían corresponder a algo, por muy defectuosa que sea la manera en la que han sido expresadas. Puesto que es de los principios de lo que aquí nos ocupamos, y no de un procedimiento de cálculo en cierto modo reducido a sí mismo, lo que carecería de interés para nosotros, debemos preguntarnos cuál es el valor de estas ficciones, no solamente desde el punto de vista lógico, sino también desde el punto de vista ontológico, si están tan "bien fundadas" como lo creía Leibnitz, e incluso si podemos decir con él que son *toleranter verae* y aceptarlas al menos como tales, "*modo sano sensu intelligantur*"; para responder a estas cuestiones, deberemos examinar más de cerca su concepción de la "ley de continuidad", ya que es en ésta donde pensaba encontrar el "*fundamentum in re*" de los infinitamente pequeños.

---

[7] Ver especialmente L. Couturat, *De l'infini mathématique*, p. 265, nota: "Puede lógicamente constituirse el cálculo infinitesimal tan sólo sobre la noción de lo indefinido...". Es cierto que el empleo de la palabra "lógicamente" implica aquí una reserva, pues, para el autor, se opone a "racionalmente", lo que por lo demás es una terminología bastante extraña; no por ello la confesión deja de ser interesante.

[8] *Réflexions sur la Métaphysique du Calcul infinitésimal*, p. 7, nota; cf. ibid. , p. 20. El título de esta obra está muy poco justificado, pues, en realidad, no se encuentra en ella la menor idea de orden metafísico.

[9] La demasiado célebre concepción de los "dos infinitos" de Pascal es metafísicamente absurda, y no es más que el resultado de una confusión entre lo infinito y lo indefinido, tomando a éste en los dos sentidos opuestos de las magnitudes crecientes y las menguantes.

Capítulo VII: LOS "GRADOS DE INFINITUD"

Todavía no hemos tenido ocasión de ver, en lo que precede, todas las confusiones que inevitablemente se introducen cuando se admite la idea del infinito en acepciones diferentes a su único sentido verdadero y propiamente metafísico; se encontraría más de un ejemplo, especialmente, en la larga discusión que Leibnitz mantuvo con Jean Bernoulli acerca de la realidad de las cantidades infinitas e infinitamente pequeñas, discusión que, por lo demás, no desembocó en ninguna conclusión definitiva, ni podía hacerlo, a causa de esas mismas confusiones a cada instante cometidas tanto por uno como por otro, y a la carencia de principios de los que pudieran proceder; por lo demás, sea cual sea el orden de ideas en que uno se sitúe, siempre es en suma la carencia de principios lo que hace insoluble cualquier tema. Puede extrañar, entre otras cosas, que Leibnitz haya establecido una diferencia entre "infinito" e "indeterminado", y que no haya así rechazado absolutamente la idea, no obstante manifiestamente contradictoria, de un "infinito terminado", si bien llegó a preguntarse "si sería posible la existencia, por ejemplo, de una línea recta infinita, y no obstante terminada por ambas partes"[1]. Sin duda, le repugna admitir esta posibilidad, "tanto que me ha parecido, afirma en otro lugar, que lo infinito tomado en rigor deber tener origen en lo indeterminado, pues de lo contrario no veo medio de encontrar un fundamento propio para distinguirlo de lo finito"[2]. Pero si esto significa, dicho de una manera más afirmativa de lo que lo hace, que "lo infinito tiene su origen en lo indeterminado", es que no lo considera como siéndole absolutamente idéntico, que lo distingue de ello en cierta medida; y, en tanto así sea, se corre el riesgo de encontrarse atascado ante una multitud de ideas extrañas y contradictorias. Es cierto que Leibnitz declaró que no admitía tales ideas, y que sería necesario que fueran "forzadas mediante demostraciones indudables"; pero ya es bastante grave otorgarles cierta importancia, e incluso considerarlas de otro modo que como puras imposibilidades; en lo que concierne, por ejemplo, a la idea de una especie de "eternidad terminada", que se encuentra entre

---

[1] Carta a Jean Bernoulli, 18 de noviembre de 1698.

[2] Carta ya citada a Varignon, 2 de febrero de 1702.

las que a tal propósito enuncia, no podemos ver en ella más que el producto de una confusión entre las ideas de eternidad y duración, que, con respecto a la metafísica, es absolutamente injustificable. Admitamos que el tiempo en el cual transcurre nuestra vida corporal sea realmente indefinido, lo que de *ningún* modo excluye que esté "terminado por una y otra parte", es decir, que tenga a la vez un origen y un fin, de acuerdo con la concepción cíclica tradicional; admitamos también que existan otros modos de duración, como aquel al que los escolásticos denominaban *aevum*, cuya *indefinidad* es, si podemos expresarnos así, indefinidamente mayor que la del tiempo; pero todos estos modos, en toda su posible extensión, no son sin embargo más que indefinidos, ya que se trata siempre de condiciones particulares de existencia, propias de tal o cual estado, y ninguno de ellos, debido a que son duraciones, es decir, a que implican una sucesión, puede ser identificado o asimilado con la eternidad, con la que no tiene realmente más relación que la que tiene lo finito, sea bajo el modo que sea, con el verdadero Infinito, puesto que la concepción de una eternidad relativa no posee más sentido que la de una infinitud relativa. En todo ello no cabe considerar sino diversos órdenes de *indefinidad*, tal como se verá mejor a continuación; pero Leibnitz, a falta de haber realizado las necesarias y esenciales distinciones, y sobre todo de haber abandonado el principio, que es lo único que le habría permitido no extraviarse, se halla demasiado confuso como para refutar las opiniones de Bernoulli, el cual incluso lo cree, tan equívocas y dubitativas son sus respuestas, menos alejado de lo que en realidad lo está de sus propias ideas acerca de la "infinitud de los mundos" y de los diferentes "grados de infinitud".

Esta concepción de los pretendidos "grados de infinitud" equivale en suma a suponer que pueden existir mundos incomparablemente mayores y más pequeños que el nuestro, guardando entre sí las partes correspondientes de cada uno de ellos proporciones equivalentes, de tal modo que los habitantes de uno cualquiera de estos mundos podrían considerarlo como infinito, con tanta razón como nosotros lo hacemos con respecto al nuestro; más bien diríamos, por nuestra parte, con tan poca razón. Tal manera de considerar las cosas no tendría a priori nada de absurdo sin la introducción de la idea de lo infinito, que ciertamente no tiene nada que ver con ello: cada uno de estos mundos, por grande que se lo suponga, no por ello es menos limitado; entonces,

¿cómo puede ser llamado infinito? La verdad es que ninguno de ellos puede serlo realmente, aunque no sea sino porque son concebidos como múltiples, y regresamos así con esto a la contradicción de una pluralidad de infinitos; y, por otra parte, si algunos, o muchos, llegan a considerar a nuestro mundo como tal, no por ello es menos cierto que esta opinión no puede ofrecer sentido alguno aceptable. Por lo demás, nos podemos preguntar si se trata de mundos diferentes, o si más bien no son, simplemente, partes más o menos extensas de un mismo mundo, ya que, por hipótesis, deben estar todos sometidos a las mismas condiciones de existencia, y especialmente a la condición espacial, desarrollándose en una escala simplemente mayor o menor. Es en un sentido muy distinto como se puede hablar verdaderamente de la *indefinidad* de los mundos, y no de su infinitud, y ello tan sólo porque, además de las condiciones de existencia, tales como el espacio y el tiempo, que son propias de nuestro mundo considerado en toda la extensión de la que es susceptible, hay una *indefinidad* de otras igualmente posibles; un mundo, es decir, en suma, un estado de existencia, se definirá así por el conjunto de las condiciones a las que está sometido; pero, puesto que estará siempre condicionado, es decir, determinado y limitado, y no comprenderá por ello todas las posibilidades, jamás podrá ser considerado como infinito, sino solamente como indefinido[3].

En el fondo, la consideración de "mundos", en el sentido en que los entiende Bernoulli, incomparablemente mayores o menores unos con respecto a otros, no es extremadamente diferente de aquella a la que recurrió Leibnitz cuando consideró "el firmamento con respecto a la tierra, y la tierra con respecto a un grano de arena", y éste con respecto a "una partícula de materia magnética que atraviesa un vidrio". Sólo que Leibnitz no pretende hablar de *gradus infinitatis* en sentido propio; incluso trata de demostrar con ello, por el contrario, que "no hay necesidad de tomar aquí a lo infinito en rigor", y se limita a considerar los "incomparables", contra lo cual nada puede lógicamente objetársele. El defecto de su comparación es de otro orden, y consiste, como ya hemos dicho, en que no puede dar más que una idea inexacta, incluso completamente falsa, de las cantidades infinitesimales tal como se introducen en el cálculo. Tendremos después

---

[3] Ver a este respecto *Les États multiples de l'être*.

ocasión de sustituir esta consideración por la de los verdaderos grados múltiples de *indefinidad*, tomados tanto en el orden creciente como en el orden menguante; no insistiremos pues demasiado por el momento.

En suma, la diferencia entre Bernoulli y Leibnitz consiste en que, para el primero, se trata verdaderamente de "grados de infinitud", a pesar de que no se los represente más que con vistas a una probable conjetura, mientras que el segundo, dudando de su probabilidad e incluso de su posibilidad, se limita a reemplazarlos por lo que podría denominarse "grados de incomparabilidad". Aparte de esta diferencia, por otra parte con seguridad muy importante, la concepción de una serie de mundos semejantes entre sí pero en diferentes escalas les es común; esta concepción no deja de tener cierta relación, al menos ocasional, con los descubrimientos debidos al empleo del microscopio, también en la misma época, y con ciertas opiniones que entonces éstos sugirieron, pero que no fueron en absoluto justificadas por las observaciones posteriores, como la teoría del "ajuste de los gérmenes": no es cierto que, en el germen, el ser vivo esté actual y corporalmente "preformado" en todas sus partes, y la organización de una célula no tiene semejanza alguna con la del conjunto del cuerpo del que forma parte. En cuanto a Bernoulli, al menos, no parece dudoso que sea éste el origen de su concepción; en efecto, dice entre otras cosas muy significativas a este respecto que las partículas de un cuerpo coexisten en el todo "como, según Harvey y otros, aunque no sea ésta la opinión de Leuwenhoeck, hay en un animal innumerables óvulos, en cada óvulo un animálculo o más, en cada animálculo innumerables óvulos, y así hasta el infinito"[4].

En lo referente a Leibnitz, verdaderamente hay algo muy distinto en su punto de partida: así, la idea de que todos los astros que vemos podrían no ser más que elementos del cuerpo de un ser incomparablemente más grande nos recuerda la concepción del "Gran Hombre" de la Kábala, aunque singularmente materializada y "espacializada" por una especie de ignorancia sobre el verdadero valor analógico del simbolismo tradicional; igualmente, la idea del "animal", es decir, del ser vivo, subsistiendo corporalmente tras la muerte, pero "reducido", está manifiestamente inspirada en la concepción del "*luz*" o "núcleo de inmortalidad", según la tra-

---

[4] Carta del 23 de julio de 1698.

dición judía[5], concepción que Leibnitz deforma igualmente al ponerla en relación con la de los mundos incomparablemente más pequeños que el nuestro, pues, según dice, "nada impide que los animales, al morir, sean transferidos a tales mundos; yo pienso efectivamente que la muerte no es más que una contracción del animal, del mismo modo que la generación no es sino una evolución"[6], estando aquí esta última palabra tomada simplemente en su sentido etimológico de "desarrollo". Todo esto no es, en el fondo, más que un ejemplo del peligro que existe en querer hacer concordar nociones tradicionales con las opiniones de la ciencia profana, lo cual no puede hacerse sino en detrimento de las primeras; con toda seguridad, éstas son absolutamente independientes de las teorías suscitadas por las observaciones microscópicas, y Leibnitz, al relacionarlas y mezclar unas con otras, actuaba ya como más tarde debían hacerlo los ocultistas, que se prestan muy especialmente a estos tipos de comparaciones injustificadas. Por otra parte, la superposición de los "incomparables" de órdenes diferentes se le antojaba adecuada a su concepción del "mejor de los mundos", como suministrando un medio para poder situar, según la definición que da, "tantos seres o realidades como sea posible"; y esta idea del "mejor de los mundos" proviene también de otro dato tradicional mal aplicado, extraído de la geometría simbólica de los Pitagóricos, tal y como ya en otro lugar hemos indicado[7]: la circunferencia es, de entre todas las líneas de igual longitud, la que envuelve la máxima superficie, del mismo modo que la esfera es, de entre todos los cuerpos de igual superficie, el que contiene el máximo volumen, y ésta es una de las razones por las que estas figuras eran consideradas como las más perfectas; pero, si bien existe a este respecto un máximo, no existe por el contrario un mínimo, es decir, no existen figuras que encierren una superficie o un volumen menor que todos los demás, y por ello Leibnitz se vio obligado a pensar que, si hay un "mejor de los mundos", no debe haber en cambio un "peor de los mundos", es decir, un mundo que contenga menos seres que cualquier otro mundo

---

[5] Véase *Le Roi du Monde*, pp. 87-89.

[6] Carta ya citada a Jean Bernoulli, 18 de noviembre de 1698.

[7] *Le Symbolisme de la Croix*, p. 58. Acerca de la distinción entre los "posibles" y los "composibles", de la que por otra parte depende la concepción del "mejor de los mundos", cf. *Les États multiples de l'être*, cap. II.

posible. Se sabe, por otra parte, que con esta concepción del "mejor de los mundos", al mismo tiempo que con la de los "incomparables", están relacionadas las conocidas comparaciones entre el "jardín lleno de plantas" y el "estanque lleno de peces", en donde "cada brote de la planta, cada miembro del animal, cada gota de sus humores, es también otro jardín u otro estanque"[8]; y ello nos conduce naturalmente a abordar otra cuestión afín, la de la "división de la materia hasta el infinito".

____

[8] *Monadologie*, 67; cf. ibid, 74.

Capítulo VIII: "DIVISIÓN AL INFINITO" O DIVISIBILIDAD INDEFINIDA

Para Leibnitz, la materia no solamente es divisible, sino también "subdivisible actualmente sin fin" en todas sus partes, "cada parte en más partes, y cada una de ellas con movimiento propio"[1]; e insiste sobre todo en esta opinión con objeto de apoyar teóricamente la concepción que hemos expuesto en último lugar: "de la actual división se deduce que, en una parte de la materia, por pequeña que sea, hay como un mundo consistente en innumerables criaturas"[2]. Bernoulli admite igualmente esta división actual de la materia "*in partes numero infinitas*", pero extrae consecuencias no aceptadas por Leibnitz: "Si un cuerpo finito, dice, posee partes infinitas en número, siempre he creído, y todavía creo, que la más pequeña de estas partes debe tener con el todo una relación inasignable o infinitamente pequeña"[3]; a lo cual Leibnitz responde: "Incluso aunque se llegue al acuerdo de que no existe ninguna porción de materia que no sea actualmente divisible, no se alcanzan sin embargo los elementos indivisibles, o las partes más pequeñas que todas las demás, o infinitamente pequeñas, sino solamente partes cada vez más pequeñas, que no obstante son cantidades ordinarias, al igual que, aumentándolas, se llega a cantidades siempre más grandes"[4]. Es entonces la existencia de las "*minimae portiones*", o de los "últimos elementos", lo que niega Leibnitz; por el contrario, para Bernoulli parece evidente que la división actual implica la existencia simultánea de todos los elementos, del mismo modo que, si se da una serie "infinita", todos los términos que la constituyen deben ser dados simultáneamente, lo que implica la existencia del "*terminus infinitesimus*". Pero, para Leibnitz, la existencia de este término no es menos contradictoria que la de un "número infinito", y la noción del más pequeño de los números, o de la "*fractio omnium infima*", no lo es menos que la del mayor de los números; lo que él considera como la "infinitud" de una serie se caracteriza por la imposibilidad de

---

[1] *Monadologie*, 65.

[2] Carta a Jean Bernoulli, 12-22 de julio de 1698.

[3] Carta ya citada del 23 de julio de 1698.

[4] Carta del 29 de julio de 1698.

alcanzar un último término, y la materia no sería divisible "al infinito" si esta división pudiera terminar y alcanzara a los "últimos elementos"; y no es sólo que no podamos llegar de hecho a estos últimos elementos, como concede Bernoulli, sino que más bien no deben existir en la naturaleza. No hay elementos corporales indivisibles, o "átomos" en el sentido propio de la palabra, así como no hay, en el orden numérico, fracción indivisible que no pueda dar nacimiento a fracciones siempre más pequeñas, o, en el orden geométrico, elemento lineal que no pueda partirse en elementos más pequeños.

En el fondo, el sentido en el que Leibnitz, en todo esto, admite la palabra "infinito", es exactamente el que le da cuando habla, tal como ya hemos visto, de una "multitud infinita": para él, decir de una serie cualquiera, como la serie de los números enteros, que es infinita, no significa que ésta deba desembocar en un "*terminus infinitesimus*" o en un "número infinito", sino, por el contrario, que no debe tener un último término, ya que los términos que comprende son "*plus quam numero designari possint*", es decir, que constituyen una multitud que supera todo número. Igualmente, si puede decirse que la materia es divisible hasta el infinito, es porque una cualquiera de sus porciones, por pequeña que sea, envuelve siempre una tal multitud; en otros términos: la materia no posee "*partes minimae*" o elementos simples, es esencialmente un compuesto: "Es cierto que las substancias simples, es decir, las que no están hechas por agregación, son verdaderamente indivisibles, pero son inmateriales, y no consisten más que en principios de acción"[5]. Tan sólo en el sentido de una multitud innumerable, por otra parte muy habitual en Leibnitz, puede aplicarse la idea del supuesto infinito a la materia, a la extensión geométrica y, en general, a lo continuo, considerado bajo el aspecto de su composición; por lo demás, este sentido no es exclusivamente propio del "*infinitum continuum*"; se extiende también al "*infinitum discretum*", tal como hemos visto por el ejemplo de la multitud de todos los números y por el de las "series infinitas". Por ello Leibnitz pudo decir que una magnitud es infinita en lo que tiene de "inagotable", lo que hace "que se pueda siempre tomar una magnitud tan pequeña como se quiera"; y "sigue siendo verdad, por ejemplo, que 2 es tanto como 1/1 + 1/2 + 1/4 + 1/8 + 1/16

---

[5] Carta a Varignon, 20 de junio de 1702.

+ 1/32 + ... etc., lo cual constituye una serie indefinida en la que todas las fracciones de numerador 1 y denominadores de progresión geométrica doble están comprendidos a la vez, aunque no se empleen nunca más que números ordinarios, y a pesar de que no se haga entrar ninguna fracción infinitamente pequeña, o cuyo denominador sea un número infinito"[6]. Además, lo que acabamos de decir permite comprender la manera en que Leibnitz, aunque afirmando que lo infinito, en el sentido en que él lo entiende, no es un todo, puede no obstante aplicar esta idea a lo continuo: un conjunto continuo, como un cuerpo cualquiera, constituye un todo, e incluso lo que anteriormente hemos llamado un todo verdadero, lógicamente anterior a sus partes e independiente de éstas, pero evidentemente es siempre finito en tanto que tal; no es entonces bajo el aspecto del todo como Leibnitz puede considerarlo infinito, sino solamente bajo el aspecto de las partes en que es o puede ser dividido, y en tanto que la multitud de estas partes supera efectivamente cualquier número asignable: es lo que podría llamarse una concepción analítica del infinito, debido a que, en efecto, es tan sólo analíticamente que la multitud de que se trata es inagotable, tal como más adelante explicaremos.

Si nos preguntamos cuál es el valor de la idea de la "división al infinito", debemos reconocer que, como la de la "multitud infinita", contiene cierta parte de verdad, aunque la manera en la que es expresada esté lejos de permanecer al abrigo de toda crítica: en primer lugar, es evidente que, según todo lo que hasta ahora hemos expuesto, no puede tratarse en absoluto de división al infinito, sino solamente de división indefinida; por otra parte, es necesario aplicar esta idea, no a la materia en general, lo que no tendría sentido alguno, sino solamente a los cuerpos, o a la materia corporal, si se persiste en hablar aquí de "materia" a pesar de la extrema oscuridad de esta noción y de los múltiples equívocos a los que da lugar[7]. En efecto, la divisibilidad pertenece propiamente a la extensión, y no a la materia, sea cual sea la acepción en que se la entienda, y no podrían confundirse aquí una y otra más que a condición de adoptar la concepción cartesiana que hace consistir esencial y únicamente la naturaleza de los cuerpos en la extensión, idea ésta que por otra parte tampoco admitía

---

[6] Carta ya citada a Varignon, 2 de febrero de 1702.

[7] Sobre este asunto, ver *Le Règne de la Quantité et les Signes des Temps*.

55

Leibnitz; si todo cuerpo es entonces necesariamente divisible es porque es extenso, y no porque sea material. Ahora bien, recordémoslo una vez más, la extensión, siendo algo determinado, no puede ser infinita, y, así pues, no puede evidentemente implicar ninguna posibilidad infinita; pero, como la divisibilidad es una cualidad inherente a la naturaleza de la extensión, su limitación no puede venir sino de esta propia naturaleza; en tanto haya extensión, ésta es siempre divisible, de modo que puede considerarse a la divisibilidad como realmente indefinida, estando por otra parte su *indefinidad* condicionada por la de la extensión. Por consiguiente, la extensión, como tal, no puede estar compuesta de elementos indivisibles, ya que estos elementos, para ser verdaderamente indivisibles, deberían ser inextensos, y una suma de elementos inextensos jamás puede constituir una extensión, así como tampoco una suma de ceros puede nunca llegar a constituir un número; es por ello, tal como en otro lugar hemos explicado[8], que los puntos no son los elementos o partes de una línea, y que los verdaderos elementos lineales son siempre las distancias entre los puntos, que constituyen tan sólo sus extremos. Es por otra parte así como el propio Leibnitz consideraba las cosas a este respecto, y lo que, según él, constituye precisamente la diferencia fundamental entre su método infinitesimal y el "método de los indivisibles" de Cavalieri es que él no considera a una línea como compuesta de puntos, ni a una superficie como compuesta de líneas, ni a un volumen como compuesto de superficies: puntos, líneas y superficies no son aquí más que límites o extremos, y no elementos constitutivos. Es evidente, en efecto, que los puntos, multiplicados por la cantidad que sea, jamás podrían producir una longitud, ya que son rigurosamente nulos con respecto a ésta; los verdaderos elementos de una magnitud deben ser siempre de la misma naturaleza que esta magnitud, aunque incomparablemente menores: es lo que no tiene lugar con los "indivisibles", y, por otra parte, es lo que permite observar en el cálculo infinitesimal cierta ley de homogeneidad que supone que las cantidades ordinarias y las infinitesimales de diversos órdenes, aunque incomparables entre ellas, son no obstante magnitudes de la misma especie.

Puede decirse además, desde este punto de vista, que la parte, sea cual sea, debe conservar siempre cierta "homogenei-

---

[8] *Le Symbolisme de la Croix*, cap. XVI.

dad" o conformidad de naturaleza con el todo, al menos en tanto se considere a este todo como pudiendo ser reconstituido partiendo de sus partes mediante un procedimiento comparable al empleado en la formación de una suma aritmética. Esto, por otra parte, no significa que no haya nada simple en la realidad, ya que lo compuesto puede ser formado, a partir de los elementos, de una forma distinta; pero entonces, a decir verdad, estos elementos ya no son propiamente "partes", y, tal como lo reconocía Leibnitz, no pueden en modo alguno ser de orden corporal. Lo que en efecto es cierto es que no pueden alcanzarse los elementos simples, es decir, indivisibles, sin haber salido de esa condición espacial que es la extensión, de manera que ésta no puede ser resuelta en dichos elementos sin dejar de existir en tanto que extensión. Inmediatamente se deduce de ello que no pueden existir elementos corporales indivisibles, y que esta idea implica contradicción; efectivamente, semejantes elementos deberían ser inextensos, y entonces ya no serían corporales, pues, por definición, quien dice corporal dice forzosamente extenso, aunque no sea ésta por lo demás toda la naturaleza de los cuerpos; y así, a pesar de todas las reservas que debemos hacer bajo otros aspectos, Leibnitz tenía al menos razón al situarse contra el atomismo.

Pero, hasta ahora, no hemos hablado de divisibilidad, es decir, de la posibilidad de división; ¿es preciso ir más lejos y admitir con Leibnitz una "división actual"? Esta idea aún no está exenta de contradicción, pues implica suponer un indefinido enteramente realizado, y, por ello, es contraria a la naturaleza misma de lo indefinido, que consiste en ser siempre, como hemos dicho, una posibilidad en vías de desarrollo, es decir, en implicar esencialmente algo inacabado, todavía no completamente realizado. Por otra parte, verdaderamente no existe razón alguna para hacer tal suposición, pues, cuando nos hallamos en presencia de un conjunto continuo, es el todo lo que nos es dado, y no las partes en las que puede ser dividido, de modo que concebimos solamente la posibilidad de dividir este todo en partes, que podrán ser hechas cada vez más pequeñas, hasta ser menores que cualquier magnitud dada, con tal de que la división sea llevada más lejos; de hecho, somos nosotros entonces quienes realizamos las partes a medida que efectuamos dicha división. Así, lo que nos exime de suponer la "división actual" es la distinción anteriormente establecida con respecto a las diferentes formas en las que un todo puede ser considerado: un conjunto continuo no es el resultado de las partes en las que es divisible, pues por el contrario es independiente de ellas, y, en consecuencia, el hecho de que nos sea dado como un todo no implica en absoluto la existencia actual de esas partes.

Igualmente, desde otro punto de vista, y pasando a la consideración de lo discontinuo, podemos decir que si nos es dada una serie numérica indefinida, ello no implica en modo alguno que todos los términos que comprende nos sean dados distintamente, lo cual es una imposibilidad, puesto que es indefinida; en realidad, dar una serie tal es simplemente dar la ley que permite calcular el término que ocupa en la serie un rango determinado, cualquiera que éste sea[9]. Si Leibnitz hubiera dado esta respuesta a Bernoulli, su discusión sobre la existencia del "*terminus infinitesumus*" habría concluido inmediatamente; pero no habría podido hacerlo sin ser lógicamente inducido a renunciar a su idea de la "división actual", a menos de negar toda correlación entre el modo continuo de la cantidad y su modo discontinuo.

Sea como fuere, al menos en cuanto a lo continuo es precisamente en la "indistinción" de las partes donde podemos ver la raíz de la idea del infinito tal como Leibnitz lo comprende, ya que, como hemos dicho anteriormente, esta idea implica siempre para él cierta parte de confusión; pero tal "indistinción", lejos de suponer una división realizada, tendería por el contrario a excluirla, incluso a falta de las razones totalmente decisivas que acabamos de indicar. Luego, si la teoría de Leibnitz es justa en tanto que se opone al atomismo, es necesario, por lo demás, para que corresponda a la verdad, rectificarla reemplazando la "división de la materia al infinito" por la "divisibilidad indefinida de la extensión"; éste es, en su expresión más breve y precisa, el resultado en donde en definitiva confluyen todas las consideraciones hasta ahora expuestas.

---

[9] Cf. Le Couturat, *De l'infini mathématique*, p. 467: "La serie natural de los números nos es dada entera por su ley de formación, así como, por lo demás, todas las restantes series y categorías infinitas, en las que basta una fórmula de recurrencia, en general, para definirla enteramente, de tal forma que su límite o su suma (cuando existe) se encuentra por ello completamente determinado... Es gracias a la ley de formación de la serie natural que tenemos la idea de todos los números enteros, en el sentido de que son dados conjuntamente en esta ley". Puede decirse, en efecto, que la fórmula general que expresa el término n de una serie contiene potencial e implícitamente, aunque no actual y distintamente, todos los términos de dicha serie, ya que puede extraerse uno cualquiera de entre ellos dando a n el valor correspondiente al rango que ese término debe ocupar en la serie; pero, contrariamente a lo que pensaba Couturat, no es ciertamente esto lo que quería decir Leibnitz "cuando sostenía la infinidad actual de la serie natural de los números".

Capítulo IX: INDEFINIDAMENTE CRECIENTE E INDEFI-NIDAMENTE MENGUANTE

Antes de continuar con el examen de las cuestiones que se refieren propiamente a lo continuo, debemos volver sobre lo dicho anteriormente a propósito de la inexistencia de una *fractio omnium infima*, lo que nos permitirá ver cómo la correlación o la simetría existente en ciertos aspectos entre las cantidades indefinidamente crecientes y las indefinidamente menguantes es susceptible de ser representada numéricamente. Ya hemos visto que, en el dominio de la cantidad discontinua, y en tanto no se considere más que la serie de los números enteros, éstos deben ser considerados como creciendo indefinidamente a partir de la unidad, pero, siendo la unidad esencialmente indivisible, no puede evidentemente ser cuestión de un decrecimiento indefinido; si se tomaran los números en sentido decreciente, necesariamente nos encontraríamos detenidos en la unidad, de modo que la representación de lo indefinido por los números enteros está limitada a un único sentido, que es el de lo indefinidamente creciente. Por el contrario, cuando se trata de la cantidad continua, pueden considerarse tanto las cantidades indefinidamente menguantes como las indefinidamente crecientes; y lo mismo ocurre con la propia cantidad discontinua, mientras se introduzca la consideración de los números fraccionarios para traducir dicha posibilidad. En efecto, puede considerarse una serie de fracciones que vayan menguando indefinidamente, es decir, que, por pequeña que sea una fracción, siempre puede formarse otra menor, y este decrecimiento jamás puede terminar en una *fractio minima*, así como tampoco el crecimiento de los números enteros puede alcanzar un *numerus maximus*.

Para hacer evidente, mediante la representación numérica, la correlación entre lo indefinidamente creciente y lo indefinidamente menguante, basta considerar, al mismo tiempo que la serie de los números enteros, la de sus inversos: un número es llamado inverso de otro cuando su producto por éste es igual a la unidad, y, por tal razón, el inverso del número n es representado por la notación 1/n. Mientras que la serie de los números enteros va creciendo indefinidamente a partir de la unidad, la serie de sus inversos va menguando indefinidamente a partir de esta misma unidad, que es para sí misma su propio número inverso, siendo el punto de partida común para ambas series; a cada número de una de las series corresponde un número de la otra, y a la inversa, de forma que las dos series son igualmente indefinidas, y lo son exactamente de la misma manera, aunque en sentido contrario. El inverso de un número es evidentemente tanto más pequeño cuanto mayor sea ese número, ya que su producto es siempre constante; por grande que sea un número N, el número N+1 será aún mayor, en virtud de la propia ley de formación de la serie indefinida de los números enteros, e igualmente, por pequeño que sea un número 1/N, el número 1/(N+1) será aún menor; esto prueba claramente la imposibilidad del "menor de los números", cuya noción no es menos contradictoria que la del "mayor de los números", pues, si no es posible detenerse en un número determinado en el sentido creciente, tampoco lo será en sentido decreciente. Además, como toda correlación que se observa en lo discontinuo numérico se presenta en primer lugar como una consecuencia de la aplicación de ese discontinuo a lo continuo, tal como hemos mencionado a propósito de los números fraccionarios, de los que naturalmente supone la introducción, dicha consecuencia no puede sino traducir a su manera, necesariamente condicionada por la naturaleza del número, la correlación existente en lo continuo entre lo indefinidamente creciente y lo indefinidamente menguante. Cabe entonces, cuando se consideran las cantidades continuas como susceptibles de hacerse tan grandes o tan pequeñas como se quiera, es decir, mayores y menores a toda cantidad determinada, observar siempre la simetría y, podríamos decir, en cierto modo, el paralelismo que entre ellas ofrecen estas dos variaciones inversas; esta observación nos ayudará a comprender mejor, a continuación, la posibilidad de diferentes órdenes de cantidades infinitesimales.

Es oportuno indicar que, aunque el símbolo 1/n evoca la idea de los números fraccionarios, e indudablemente extrae de ellos su origen, no es necesario que los inversos de los números enteros sean definidos aquí como tales, y ello a fin de evitar el inconveniente que presenta la noción ordinaria de los números fraccionarios desde el punto de vista propiamente aritmético, es decir, la concepción de las fracciones como "partes de la unidad". Basta en efecto con considerar ambas series como constituidas por números respectivamente mayores y menores que la unidad, es decir, como dos órdenes de magnitudes que tienen en ésta su límite común, al mismo tiempo que pueden ser las dos consideradas como igualmente surgidas de esta unidad, que es verdaderamente la fuente primera de todos los números; además, si se quisieran considerar ambos conjuntos indefinidos como formando una serie única, podría decirse que la unidad ocupa justamente el lugar medio de esta serie de números, ya que, como hemos visto, hay exactamente tantos números en uno de estos conjuntos como en el otro. Por otra parte, si se quisiera, para generalizar aún más, introducir los números fraccionarios propiamente dichos, en lugar de considerar solamente la serie de los números enteros y la de sus inversos, nada cambiaría en cuanto a la simetría entre las cantidades crecientes y las menguantes: se tendrían por un lado todos los números mayores a la unidad, y por otro todos los menores a ella; aún aquí, a todo número $a/b > 1$, correspondería en el otro grupo un número $b/a < 1$, y recíprocamente, de tal forma que $a/b \times b/a = 1$, al igual que antes teníamos $n \times (1/n) = 1$, y así siempre habría exactamente tantos números en uno como otro de estos dos grupos indefinidos separados por la unidad; debe quedar claro, por otra parte, que, cuando decimos "tantos números", ello significa que hay aquí dos multitudes que se corresponden término a término, pero sin que tales multitudes puedan ser en absoluto consideradas por ello como "numerables". En todos los casos, el conjunto de dos números inversos, multiplicados el uno por el otro, reproduce siempre la unidad de la que han surgido; puede decirse todavía que la unidad, al ocupar el lugar medio entre ambos grupos, y siendo el único número que puede ser considerado como perteneciendo a la vez a uno y a otro[1], si bien, en realidad, sería más exacto decir que los une en lugar de separarlos, corresponde al estado de equilibrio perfecto, y contiene en sí misma todos los números, que han surgido de ella por parejas de números inversos o complementarios, constituyendo cada una de estas parejas, debido a dicho complementarismo, una unidad relativa en su indivisible dualidad[2]; pero volveremos más adelante

---

[1] Según la definición de los números inversos, la unidad se presenta por un lado bajo la forma 1, y por otro bajo la forma 1/1, de tal modo que $1 \times 1/1 = 1$; pero, como por otra parte $1/1 = 1$, es la misma unidad lo que es así representada en dos formas diferentes, y, en consecuencia, como ya hemos dicho, es para sí misma su propio inverso.

[2] Decimos indivisible porque, desde el instante en que uno de los dos números que forman tal pareja existe, el otro también existe por ello necesariamente.

sobre esta última consideración y sobre las consecuencias que implica.

En lugar de decir que la serie de los números enteros es indefinidamente creciente, y la de sus inversos indefinidamente menguante, podría decirse también, en el mismo sentido, que los números tienden por una parte hacia lo indefinidamente grande, y por otra hacia lo indefinidamente pequeño, a condición de entender por ello los límites mismos del dominio en que se consideren estos números, pues una cantidad variable no puede tender más que hacia un límite. El dominio de que se trata es, en suma, el de la cantidad numérica considerada en toda la extensión de que es susceptible[3]; ello significa que los límites no están determinados por tal o cual número particular, por grande o por pequeño que se lo suponga, sino por la propia naturaleza del número como tal. Por ello también, el número, como toda otra cosa de naturaleza determinada, excluye todo aquello que no es él, lo que impide que pueda hablarse aquí de infinito; por otra parte, acabamos de decir que lo indefinidamente grande debe forzosamente ser concebido como un límite, aunque en modo alguno sea un "*terminus ultimus*" de la serie de los números, y puede observarse a propósito de esto que la expresión "tender a lo infinito", frecuentemente empleada por los matemáticos en el sentido de "crecer indefinidamente", es un absurdo, puesto que lo infinito implica evidentemente la ausencia de todo límite, y, en consecuencia, no habría nada hacia lo cual fuera posible tender. Lo que además es bastante singular es que algunos, aunque reconociendo la incorrección y el carácter abusivo de tal expresión, no experimentan escrúpulo alguno en adoptar la expresión "tender hacia cero", en el sentido de "menguar indefinidamente"; no obstante, el cero, o la "cantidad nula", es exactamente simétrico, con respecto a las cantidades menguantes, de esa pretendida "cantidad infinita" con respecto a las cantidades crecientes; pero más tarde volveremos sobre las cuestiones que más particularmente se plantean en referencia al cero y a sus diferentes significados.

---

[3] Es evidente que los números inconmensurables, bajo el aspecto de la magnitud, se intercalan necesariamente entre los números ordinarios, enteros o fraccionarios, según sean éstos mayores o menores que la unidad; es lo que por otra parte demuestra la correspondencia geométrica que anteriormente hemos indicado, y también la posibilidad de definir un tal número por dos conjuntos convergentes de números conmensurables, de los que constituye el límite común.

Puesto que la serie de los números, en su conjunto, no está "terminada" por un determinado número, resulta de ello que no hay número, por grande que sea, que pueda ser identificado con lo indefinidamente grande en el sentido en que acabamos de entenderlo; y, naturalmente, lo mismo ocurre en cuanto a lo indefinidamente pequeño.

Solamente se puede considerar un número como prácticamente indefinido, si se nos permite la expresión, cuando ya no puede ser expresado por el lenguaje ni representado por la escritura, lo que, de hecho, inevitablemente ocurre en un momento dado cuando se consideran números que van siempre creciendo o menguando; es, si se quiere, una simple cuestión de "perspectiva", pero en suma concuerda perfectamente con el carácter de lo indefinido, en tanto que éste no es, en definitiva, más que aquello cuyos límites pueden ser, no suprimidos, ya que ello sería contrario a la naturaleza de las cosas, pero sí simplemente alejados hasta perderse enteramente de vista. A propósito de ello, cabría plantear ciertas cuestiones bastante curiosas: así, nos podríamos preguntar por qué motivo la lengua china representa simbólicamente a lo indefinido con el número diez mil; la expresión "los diez mil seres", por ejemplo, significa todos los seres, que realmente son en multitud indefinida o "innumerable". Lo que es muy digno de señalar es que precisamente lo mismo se produce en la lengua griega, donde una sola palabra, con una simple diferencia de acentuación que evidentemente no constituye sino un detalle accesorio, y que sin duda no es debida más que a la necesidad de distinguir en el uso ambos significados, sirve igualmente para expresar a la vez una y otra de estas dos ideas: *mírioi*, diez mil; *miríoi*, una *indefinidad*.

La verdadera razón de este hecho es la siguiente: el número diez mil es la cuarta potencia de diez; ahora bien, según la fórmula del Tao-te-king, "el uno produce el dos, el dos produce el tres, el tres produce todos los números", lo que implica que el cuatro, inmediatamente producido por el tres, equivale en cierto modo a todo el conjunto de los números, y ello porque, desde que se tiene el cuaternario, se tiene también, por la adición de los cuatro primeros números, el denario, que representa un ciclo numérico completo: $1 + 2 + 3 + 4 = 10$, que es, como ya en otras ocasiones hemos dicho, la fórmula numérica de la *Tetraktys* pitagórica. Puede añadirse a ello que esta representación de la *indefinidad* numérica tiene su correspondencia en el orden espacial: es sabido que la elevación a una potencia superior en un grado representa, en este orden, el añadido de una dimensión; ahora bien, al no poseer nuestra extensión más que tres dimensiones, sus límites son superados cuando se va más allá de la tercera potencia, lo que, en otras palabras, significa que la elevación a la cuarta potencia marca el término de su *indefinidad*, ya que, en el momento en que se efectúa, se ha salido por ello de dicha extensión y se ha pasado a otro orden de posibilidades.

Capítulo X: INFINITO Y CONTINUO

La idea del infinito, tal como Leibnitz la entiende muy a menudo, y que solamente es, jamás debe perderse de vista, la de una multitud que sobrepasa todo número, se presenta a veces bajo el aspecto de un "infinito discontinuo", como en el caso de las series numéricas denominadas infinitas; pero su aspecto más habitual, y también el más importante en lo que concierne al significado del cálculo infinitesimal, es el del "infinito continuo". Es conveniente recordar a propósito de ello que, cuando Leibnitz, al comenzar las investigaciones que, al menos según él decía, debían conducirle al descubrimiento de su método, operaba sobre series de números, no consideraba más que las diferencias finitas en el sentido ordinario de la palabra; las divergencias infinitesimales no se le presentaron más que cuando trató de aplicar lo numérico discontinuo a lo continuo espacial. La introducción de las diferencias se justificaba entonces por la observación de cierta analogía entre las variaciones respectivas de ambos modos de la cantidad; pero su carácter infinitesimal provenía de la continuidad de las magnitudes a las que debían aplicarse, y así la consideración de los "infinitamente pequeños" se hallaba, para Leibnitz, estrechamente ligada a la cuestión de la "composición de lo continuo".

Los "infinitamente pequeños" tomados "en rigor" serían, tal como pensaba Bernoulli, "*partes minimae*" de lo continuo; pero precisamente lo continuo, en tanto que existe como tal, es siempre divisible, y, en consecuencia, no podría tener "*partes minimae*". Los "indivisibles" no son siquiera partes de aquello con relación a lo cual son indivisibles, y el "mínimo" no puede aquí concebirse más que como límite o extremo, no como elemento: "la línea no solamente es menor que cualquier superficie, dice Leibnitz, sino que además ni siquiera es una parte de la superficie, es solamente un mínimo o un extremo"[1]; y la asimilación entre "*extremum*" y "*minimum*" puede aquí justificarse, desde su punto de vista, por la "ley de continuidad", en tanto que ésta permite, según él, el "paso al límite", tal como más adelante veremos.

---

[1] *Meditatio nova e natura anguli contactus et osculi, horumque usu in practica Mathesi ad figuras faciliores succedaneas difficilioribus substituendas*, en las *Acta Eruditorum* de Leipzig, 1686.

Igualmente ocurre, como ya hemos dicho, con el punto con relación a la línea, y también, por otra parte, con la superficie con relación al volumen; pero, por el contrario, los elementos infinitesimales deben ser partes de lo continuo, a falta de lo cual ni siquiera serían cantidades; y no pueden serlo más que a condición de no ser verdaderos "infinitamente pequeños", pues éstos no serían sino esas "*partes minimae*" o esos "últimos elementos" cuya existencia, con respecto a lo continuo, implica contradicción. Así, la composición de lo continuo no permite que los infinitamente pequeños sean más que simples ficciones; pero, por otra parte, es sin embargo la existencia de ese mismo continuo lo que hace que sean, al menos para Leibnitz, "ficciones bien fundadas": si "todo se hace en geometría como si se tratara de perfectas realidades", es porque la extensión, que es el objeto de la geometría, es continua; y, si lo mismo ocurre en la naturaleza, es porque los cuerpos son igualmente continuos, y porque hay también continuidad en todos los fenómenos tales como el movimiento, del cual dichos cuerpos son el asiento, y que son el objeto de la mecánica y de la física. Por lo demás, si los cuerpos son continuos, es debido a que son extensos, y a que participan así de la naturaleza de la extensión; e, igualmente, la continuidad del movimiento y de los diversos fenómenos que pueden reducirse a él más o menos directamente proviene esencialmente de su carácter espacial. Es entonces, en suma, la continuidad de la extensión lo que constituye el verdadero fundamento de todas las restantes continuidades que se observan en la naturaleza corporal; y, por otra parte, es ésta la razón, introduciendo a este respecto una distinción esencial que no hizo Leibnitz, de que hayamos precisado que no es a la "materia" como tal, sino a la extensión, a la que debe ser atribuida en realidad la propiedad de la "divisibilidad indefinida".

No vamos a examinar aquí la cuestión de otras posibles formas de la continuidad, independientes de su forma espacial; en efecto, es siempre a ésta a la que es preciso remitirse cuando se consideran magnitudes, y su consideración basta para todo aquello que se refiera a las cantidades infinitesimales. No obstante, debemos añadir la continuidad del tiempo, pues, contrariamente a la extraña opinión de Descartes a este respecto, el tiempo es realmente continuo en sí mismo, y no sólo en la representación espacial que mediante el movimiento sirve para su medida[2]. En referencia a esto, podría decirse que el movimiento es en cierto modo doblemente continuo, pues lo es a la vez por su condición espacial y por su condición temporal; y este tipo de combinación entre el tiempo y el espacio, de donde resulta el movimiento, no sería posible si uno fuera discontinuo y el otro continuo. Esta consideración permite además introducir la continuidad en ciertas categorías de fenómenos naturales que se refieren más directamente al tiempo que al espacio, aunque se cumplan igualmente en uno y en otro, como, por ejemplo, en el proceso de un desarrollo orgánico cualquiera. Se podría repetir, por lo demás, en cuanto a la composición del continuo temporal, todo lo que hemos dicho con respecto al continuo espacial, y, en virtud de esta especie de simetría que existe en ciertos aspectos, tal como en otro lugar hemos explicado, entre el espacio y el tiempo, se llegaría a conclusiones estrictamente análogas: los instantes, concebidos como indivisibles, no son más partes de la duración que los puntos partes de la extensión, tal como igualmente lo reconocía Leibnitz, y ésta era por otra parte una tesis bastante corriente entre los escolásticos; en suma, es un carácter general de todo continuo el que su naturaleza no implique la existencia de "últimos elementos".

Todo lo que hemos dicho hasta ahora demuestra suficientemente en qué sentido puede comprenderse que, desde el punto de vista en que se sitúa Leibnitz, lo continuo envuelva necesariamente a lo infinito; pero, por supuesto, no podríamos admitir que se trate de una "infinidad actual", como si todas las partes posibles debieran ser efectivamente dadas cuando el todo es dado, ni por otra parte de una verdadera infinidad, que excluye toda determinación, sea cual sea, y que en consecuencia no puede estar implícita en la consideración de nada particular. Pero, aquí como en todos los casos en los que se presente la idea de un pretendido infinito, diferente del verdadero Infinito metafísico, y que, no obstante, en sí mismos, representan algo distinto a un absurdo puro y simple, toda contradicción desaparece, y con ella toda dificultad lógica, si se reemplaza ese supuesto infinito por lo indefinido, y si simplemente se dice que todo continuo envuelve cierta *indefinidad* cuando es considerado bajo el aspecto de sus elementos. A falta de hacer esta distinción fundamental entre lo Infinito y lo indefinido, algunos han creído erróneamente que no era posible escapar a la contradicción de un infinito determinado más que rechazando

---

2 Cf. *Le Règne de la Quantité et les Signes des Temps*, cap. V.

absolutamente lo continuo y reemplazándolo por lo discontinuo; es así especialmente como Renouvier, que niega con razón el infinito matemático, pero para quien la idea del Infinito metafísico es por lo demás completamente extraña, se creyó obligado, por la lógica de su "finitismo", a admitir el atomismo, cayendo así en otra concepción que, como anteriormente hemos visto, no es menos contradictoria que aquella que descartaba.

Capítulo XI: LA "LEY DE CONTINUIDAD"

Desde el momento que existe lo continuo, podemos decir con Leibnitz que hay continuidad en la naturaleza, o, si se quiere, que debe haber una determinada "ley de continuidad" que se aplique a todo lo que presenta las características de lo continuo; ello es en suma evidente, pero en absoluto se desprende que tal ley deba ser aplicable a todo, como él pretende, pues, si bien existe lo continuo, también existe lo discontinuo, incluso en el dominio de la cantidad[1]: el número es, en efecto, esencialmente discontinuo, y es incluso esta cantidad discontinua, y no la continua, la que realmente se identifica, como en otro lugar hemos dicho, con el modo primero y fundamental de la cantidad, o lo que podría denominarse propiamente la cantidad pura[2]. Por otra parte, nada permite suponer *a priori* que, fuera de la cantidad, una continuidad cualquiera pueda ser considerada en todas partes, y además, a decir verdad, causaría asombro que sólo el número, entre todas las cosas posibles, tuviera la propiedad de ser esencialmente discontinuo; pero nuestra intención no es investigar aquí dentro de qué límites es verdaderamente aplicable una "ley de continuidad", ni qué restricciones convendría hacer para todo aquello que supera el dominio de la cantidad entendida en su sentido más general. Nos limitaremos a ofrecer, en lo que concierne a los fenómenos naturales, un ejemplo muy simple de discontinuidad: si es necesaria cierta fuerza para romper una cuerda, y si se aplica a esta cuerda una fuerza cuya intensidad sea menor que la necesaria, no se obtendrá una ruptura parcial, es decir, la ruptura de una parte de los hilos que componen la cuerda, sino solamente una tensión, lo cual es completamente diferente; si se aumenta la fuerza de una

---

[1] Cf. L. Couturat, *De l'infini mathématique*, p. 140: "En general, el principio de continuidad no tiene cabida en álgebra, y no puede ser invocado para justificar la generalización algebraica del número. No sólo la continuidad no es en absoluto necesaria para las especulaciones de la aritmética general, sino que incluso repugna al espíritu de esta ciencia y a la naturaleza misma del número. El número, en efecto, es esencialmente discontinuo, al igual que casi todas sus propiedades aritméticas… No puede entonces imponerse la continuidad a las funciones algebraicas, por complicadas que sean, puesto que el número entero, que ofrece todos sus elementos, es discontinuo, y "salta" en cierto modo de un valor a otro sin transición posible".

[2] Ver *Le Règne de la Quantité et les Signes des Temps*, cap. II.

manera continua, la tensión crecerá en principio también de manera continua, pero llegará un momento en que la ruptura se producirá, y se obtendrá entonces, de una forma repentina y en cierto modo instantánea, un efecto de distinta naturaleza que el precedente, lo que implica manifiestamente una discontinuidad; de modo que no es cierto decir, en términos generales y sin restricciones de tipo alguno, que "*natura non facit saltus*".

Sea como fuere, basta en todo caso con que las magnitudes geométricas sean continuas, como en efecto lo son, para que siempre puedan tomarse elementos tan pequeños como se quiera, es decir, que puedan hacerse menores que cualquier magnitud asignable; y, como dice Leibnitz, "sin duda en ello consiste la demostración rigurosa del cálculo infinitesimal", que precisamente se aplica a estas magnitudes geométricas. La "ley de continuidad" puede ser entonces el "*fundamentum in re*" de esas ficciones que son las cantidades infinitesimales, así como también por otra parte de esas otras ficciones que son las raíces imaginarias, ya que Leibnitz establece una comparación entre unas y otras bajo este aspecto, sin que por ello deba verse aquí, como quizás hubiera deseado, "la piedra de toque de toda verdad"[3]. Por lo demás, si se admite una "ley de continuidad", aunque estableciendo ciertas restricciones sobre su alcance, e incluso aunque se reconozca que dicha ley pueda servir para justificar las bases del cálculo infinitesimal, "*modo sano sensu intelligantur*", en absoluto se sigue de ello que deba ser exactamente concebida como lo hacía Leibnitz, ni tampoco aceptar todas las consecuencias que él mismo pretendía extraer; es esta concepción y estas consecuencias lo que debemos ahora examinar un poco más detenidamente.

En su forma más general, esta ley, enunciada en numerosas ocasiones por Leibnitz en términos diferentes, pero cuyo sentido siempre es en el fondo el mismo, se reduce en suma a lo siguiente: desde el instante en que hay un determinado orden en los principios, entendidos aquí en un sentido relativo, como los datos que se toman como punto de partida, debe haber siempre un orden correspondiente en las consecuencias que de ellos se extraigan. Es entonces, como ya hemos indicado, un caso particular de la "ley de justicia", es decir, de orden, que postula la "universal inteligibilidad"; se trata entonces para Leibnitz, en el fondo, de

---

[3] L. Couturat, *De l'infini mathématique*, p. 266.

una consecuencia o de una aplicación del "principio de razón suficiente", si no de este mismo principio en tanto que se aplica más especialmente a las combinaciones y a las variaciones de la cantidad: "la continuidad es algo ideal", dice, lo que por otra parte está lejos de ser tan claro como podría desearse, pero "lo real no se deja gobernar por lo ideal y lo abstracto, ...porque todo se gobierna por la razón"[4]. Con seguridad hay un determinado orden en las cosas, y no es esto lo que se cuestiona, pero puede concebirse este orden de un modo muy distinto a como lo hacía Leibnitz, cuyas ideas a este respecto estuvieron siempre más o menos directamente influidas por su pretendido "principio del mejor", que pierde todo significado en el momento en que se ha comprendido la identidad metafísica entre lo posible y lo real[5]; además, aunque fuera un declarado adversario del estrecho racionalismo cartesiano, podría reprochársele, en cuanto a su concepción de la "universal inteligibilidad", el haber confundido demasiado fácilmente lo "inteligible" con lo "racional"; pero no insistiremos más sobre estas consideraciones de orden general, pues nos llevarían demasiado lejos del tema. Tan sólo añadiremos, a propósito de ello, que es sorprendente que, tras haber afirmado que "no hay necesidad de hacer depender el análisis matemático de las controversias metafísicas", lo que por otra parte es muy cuestionable, puesto que implica la elaboración, según el punto de vista puramente profano, de una ciencia enteramente ignorante de sus propios principios, y por lo demás sólo la incomprensión puede generar controversias en el dominio metafísico, Leibnitz llega finalmente a invocar, en apoyo de su "ley de causalidad", con la que relaciona este mismo análisis matemático, un argumento que ya no es en efecto metafísico, sino teológico, y que podría aún prestarse a otras controversias: "Todo se gobierna por la razón, dice, pues de otro modo no existiría ni ciencia ni regla, lo cual no sería conforme a la naturaleza del soberano principio"[6], a lo cual podría responderse que la

---

[4] Carta ya citada a Varignon, febrero de 1702.

[5] Ver *Les États multiples de l'être*, cap. II.

[6] Carta ya citada a Varignon. La primera exposición de la "ley de continuidad" apareció en las *Nouvelles de la République des Lettres*, en julio de 1687, con este título bastante significativo desde el mismo punto de vista: *Principium quoddam generale non in Mathematicis tantum sed et Physicis utile, cujus ope ex consideratione Sapientiae Divinae examinantur Naturae Leges, qua occasione nata cum R. P. Mallebranchio controversia explicatur, et quidam Cartesianorum errores notantur.*

razón no es en realidad sino una facultad puramente humana y de orden individual, y que, sin que deba ser preciso remontarse hasta el "soberano principio", la inteligencia entendida en sentido universal, es decir, el intelecto puro y trascendente, es algo muy distinto a la razón y no podría ser con ella asimilada en modo alguno, de tal forma que, si es cierto que no hay nada "irracional", no lo es menos que hay no obstante muchas cosas que son "supra-racionales", pero que, por otra parte, no por ello son menos "inteligibles".

Pasaremos ahora a otro enunciado más preciso de la "ley de continuidad", enunciado que se refiere por otra parte más directamente que el anterior a los principios del cálculo infinitesimal: "Si un caso se acerca de una manera continua a otro caso en los datos y finalmente desaparece en él, es necesario que los resultados de ambos casos se aproximen igualmente de una manera continua en las soluciones investigadas y que finalmente terminen recíprocamente uno en otro"[7]. Hay aquí dos cuestiones que deben ser distinguidas: en primer lugar, si la diferencia entre ambos casos disminuye hasta ser menor que cualquier cantidad asignable "*in datis*", lo mismo debe ocurrir "*in quaesitis*"; no es ésta, en suma, sino la aplicación del enunciado más general, y esta parte de la ley no es susceptible de provocar objeciones, desde el momento en que se admite que existen variaciones continuas, y que es precisamente al dominio en que se efectúan tales variaciones, es decir, al dominio geométrico, al que se refiere propiamente el cálculo infinitesimal; pero, ¿es necesario admitir que "*casus in casum tandem evanescat*", y que, en consecuencia, "*eventus casuum tandem in se invicem desinant*"? En otras palabras, ¿la diferencia entre ambos casos jamás será rigurosamente nula, debido a su indefinida y creciente disminución? O, si se prefiere, ¿tal disminución, aunque indefinida, llegará a alcanzar su término? Se trata, en el fondo, de la cuestión de saber si, en una variación continua, puede ser alcanzado el límite; y, sobre este punto, debemos observar lo siguiente: como lo indefinido, tal como está implícito en lo continuo, implica siempre en un cierto sentido algo "inagotable", y como Leibnitz no admite por otra parte que la división de lo continuo pueda desembocar en un término final, ni siquiera que tal término exista verdaderamente, ¿es per-

---

[7] *Specimen Dynamicum pro admirandis Naturae Legibus circa corporum vires et mutuas actiones detegendis et ad suas causas revocandis,* II parte.

fectamente lógico y coherente por su parte admitir al mismo tiempo que una variación continua, que se efectúe "*per infinitos gradus intermedios*"[8], pueda alcanzar su límite? Esto no significa, evidentemente, que el límite pueda ser en modo alguno alcanzado, lo que reduciría al cálculo infinitesimal a no poder ser más que un simple método de aproximación; pero, si efectivamente es alcanzado, no debe ser en la propia variación continua, ni como último término de la serie indefinida de los "*gradus mutationis*". Sin embargo, Leibnitz pretende, mediante la "ley de continuidad", justificar el "paso al límite", que no es la menor de las dificultades a las que da lugar su método desde el punto de vista lógico, y es precisamente en ello donde sus conclusiones se hacen inaceptables; pero, para que este aspecto de la cuestión pueda ser enteramente comprendido, debemos comenzar por precisar la noción matemática del límite.

---

[8] Carta a Schulenburg, 29 de marzo de 1698.

Capítulo XII: LA NOCIÓN DE LÍMITE

La idea de límite es una de las más importantes de las que aquí vamos a examinar, pues de ella depende todo el valor del método infinitesimal desde el aspecto del rigor; incluso ha podido llegarse a decir que, en definitiva, "todo algoritmo infinitesimal está basado sólo en la idea de límite, pues es precisamente esta rigurosa noción lo que sirve para definir y justificar todos los símbolos y todas las fórmulas del cálculo infinitesimal"[1]. En efecto, el objeto de este cálculo "se reduce a calcular los límites de las relaciones y de las sumas, es decir, a encontrar los valores fijos hacia los que convergen relaciones o sumas de cantidades variables, a medida que éstas menguan indefinidamente según una ley determinada"[2]. Para mayor precisión, diremos que, de las dos ramas en las que se divide el cálculo infinitesimal, el cálculo diferencial consiste en calcular los límites de las relaciones en las que los dos términos van a la vez menguando indefinidamente según una determinada ley, de tal manera que la relación siempre conserva un valor finito y determinado; y el cálculo integral consiste en calcular los límites de las sumas de elementos cuya multitud crece indefinidamente al mismo tiempo que el valor de cada uno de ellos mengua indefinidamente, pues es preciso que se den ambas condiciones para que la suma sea siempre una cantidad finita y determinada. Dado esto, puede decirse, de manera general, que el límite de una cantidad variable es otra cantidad considerada como fija, y a la cual esta cantidad variable se aproxima debido a los valores que sucesivamente adopta en el curso de su variación, hasta diferir de ella tan poco como se quiera, o, en otras palabras, hasta que la diferencia entre ambas cantidades sea menor que cualquier cantidad asignable. El punto sobre el que debemos insistir particularmente, por razones que serán mejor comprendidas a continuación, es que el límite es esencialmente concebido como una cantidad fija y determinada; incluso aunque no nos sea dada en las condiciones del problema, siempre se deberá comenzar suponiéndole un valor determinado, y continuar considerándola como fija hasta el final del cálculo.

---

[1] L. Couturat, *De l'infini mathématique*, Introducción, p. XXIII.

[2] Ch. de Freycinet, *De l'Analyse infinitésimale*, Prefacio, p. VIII.

Pero una cosa es la concepción del límite en sí mismo, y otra la justificación lógica del "paso al límite"; Leibnitz estimaba que "lo que en general justifica ese paso al límite es que la misma relación que existe entre numerosas magnitudes variables subsiste entre sus límites fijos, cuando sus variaciones son continuas, pues entonces alcanzan en efecto sus respectivos límites; se trata de otro enunciado del principio de continuidad"[3]. Pero toda la cuestión consiste precisamente en saber si la cantidad variable, que indefinidamente se aproxima a su límite fijo, y que, por ello, puede diferir de él tan poco como se quiera, según la propia definición de límite, puede efectivamente alcanzar ese límite por una consecuencia de su propia variación, es decir, si el límite puede ser concebido como el último término de una variación continua. Veremos que, en realidad, esta solución es inaceptable; por el momento, y hasta que más adelante encaremos de nuevo la cuestión, tan sólo diremos que la verdadera noción de continuidad no permite considerar a las cantidades infinitesimales como pudiendo igualarse nunca a cero, pues entonces dejarían de ser cantidades; ahora bien, para el mismo Leibnitz, éstas deben guardar siempre el carácter de verdaderas cantidades, y ello incluso aunque se las considere como "desvanecientes". Una diferencia infinitesimal no podrá entonces ser jamás rigurosamente nula; en consecuencia, una variable, en tanto sea considerada como tal, diferirá siempre realmente de su límite, y no podría alcanzarlo sin perder por ello mismo su carácter de variable.

Acerca de este punto, podemos aceptar completamente, aparte de una ligera reserva, las consideraciones que un matemático a quien ya hemos citado expone en los siguientes términos: "Lo que caracteriza al límite, tal como lo hemos definido, es a la vez que la variable puede aproximarse a él tanto como se quiera, aunque no obstante jamás pueda alcanzarlo rigurosamente; pues, para que efectivamente lo alcanzara, sería necesaria la realización de cierta infinidad, que nos está obligatoriamente prohibida... Debemos así atenernos a la idea de una aproximación indefinida, es decir, cada vez mayor"[4]. En lugar de hablar de "la realización de cierta infinidad", lo que para nosotros no podría tener sentido

---

[3] L. Couturat, *De l'infini mathématique*, p. 268, nota. -Es el mismo punto de vista que está expuesto especialmente en la *Justification du Calcul des infinitésimales par celui de l'Algèbre ordinaire*.

[4] Ch. de Freycinet, *De l'Analyse infinitésimale*, p. 18.

alguno, diremos simplemente que sería preciso que cierta *indefinidad* fuera agotada en aquello que tiene precisamente de inagotable, pero que, al mismo tiempo, las posibilidades de desarrollo que implica esta misma *indefinidad* permitieran obtener una aproximación tan grande como se quisiera; "*ut error fiat minor dato*", según la expresión de Leibnitz, para quien "el método es seguro" desde el momento en que este dato es alcanzado. "Lo propio del límite, y lo que hace que la variable jamás lo alcance exactamente, es que posee una definición distinta a la de la variable; y ésta, por su parte, aproximándose cada vez más al límite, no lo alcanza, porque jamás debe dejar de satisfacer su definición primitiva, que es diferente. La necesaria distinción entre las definiciones de límite y de variable se halla en todas partes... El hecho de que ambas definiciones sean lógicamente distintas y tales, no obstante, como para que los objetos definidos puedan aproximarse cada vez más uno al otro[5], da cuenta de lo extraña que a primera vista puede parecer la imposibilidad de hacer coincidir dos cantidades de las que se puede por otra parte disminuir su diferencia más allá de toda expresión"[6].

Apenas es necesario decir que, en virtud de la tendencia moderna a reducirlo todo exclusivamente a lo cuantitativo, no se ha dejado de reprochar a esta concepción de límite el introducir una diferencia cualitativa en la propia ciencia de la cantidad; pero, si hubiera que desecharla por esta razón, sería igualmente preciso que la geometría negara enteramente, entre otras cosas, la consideración de la similitud, que es también puramente cualitativa, tal como en otro lugar hemos explicado, puesto que no concierne sino a la forma de las figuras, haciendo abstracción de su magnitud, luego de todo elemento propiamente cuantitativo. Debe señalarse, por lo demás, a propósito de ello, que uno de los principales empleos del cálculo diferencial consiste en determinar las direcciones de las tangentes en cada punto de una curva, direcciones cuyo conjunto define la propia forma de la curva, y que

---

[5] Sería más exacto decir que uno de ellos puede aproximarse cada vez más al otro, ya que solamente uno de estos objetos es variable, mientras que el otro es esencialmente fijo, y así, en razón misma de la definición de límite, su acercamiento no puede en absoluto ser considerado como constituyendo una relación recíproca en la que los dos términos serían en cierto modo intercambiables; esta irreciprocidad implica por otra parte que su diferencia es de orden propiamente cualitativo.

[6] Ibidem , p. 19.

dirección y forma son precisamente, en el orden espacial, elementos cuyo carácter es esencialmente cualitativo[7]. Además, no es una solución pretender suprimir pura y simplemente el "paso al límite", so pretexto de que el matemático puede dispensarse de pasarlo efectivamente, y que ello en absoluto le estorba para llevar hasta el final su cálculo; esto puede ser cierto, pero lo que importa es lo siguiente: ¿hasta qué punto, en tales condiciones, tendrá derecho a considerar a este cálculo como basado en un razonamiento riguroso? Y, aunque el método sea así "seguro", ¿no lo será solamente en tanto que simple método de aproximación? Se podrá objetar que la concepción que acabamos de exponer hace igualmente imposible el "paso al límite", ya que este límite está justamente caracterizado por no poder ser alcanzado; pero ello no es verdad más que en cierto sentido, y solamente en tanto se considere a las cantidades variables como tales, pues no hemos dicho que el límite no pudiera ser en absoluto alcanzado, sino que, y esto es esencial, no podía serlo en la variación y como término de ésta. Lo que verdaderamente es imposible es tan sólo la concepción del "paso al límite" como constituyendo la consecuencia de una variación continua; debemos entonces sustituir a ésta por otra concepción, y es lo que a continuación haremos de forma más explícita.

---

[7] Ver *Le Règne de la Quantité et les Signes des Temps*, cap. IV.

Capítulo XIII: CONTINUIDAD Y PASO AL LÍMITE

Podemos retornar ahora al examen de la "ley de continuidad", o, más exactamente, al examen del aspecto de esta ley que momentáneamente habíamos dejado a un lado, y que es aquel con el que Leibnitz cree poder justificar el "paso al límite", puesto que, según él, "en las cantidades continuas, el caso extremo exclusivo puede ser tratado como inclusivo, y así este último caso, aunque de naturaleza totalmente diferente, está como contenido en estado latente en la ley general de los restantes casos"[1]. Es justamente ahí donde reside, aunque él no parezca tener dudas, el principal defecto lógico de su concepción de la continuidad, y ello es fácilmente perceptible por las consecuencias que extrae y por las aplicaciones que realiza; veamos en efecto algunos ejemplos: "En virtud de mi ley de la continuidad, es lícito considerar al reposo como un movimiento infinitamente pequeño, es decir, como el equivalente a una especie de su contradictorio, y a la coincidencia como una distancia infinitamente pequeña, y a la igualdad como la última de las desigualdades, etc."[2]. Y también: "De acuerdo con esta ley de la continuidad, que excluye todo salvo el cambio, el caso del reposo puede ser observado como un caso especial de movimiento, a saber, como un movimiento desvaneciente o mínimo, y el caso de la igualdad como un caso de desigualdad desvaneciente. De ello se deduce que las leyes del movimiento deben ser establecidas de tal modo que no haya necesidad de reglas particulares para los cuerpos en equilibrio y en reposo, pues éstas surgen de las reglas concernientes a los cuerpos en desequilibrio y en movimiento; o, si se quiere enunciar reglas particulares para el reposo y el equilibrio, es necesario tener en cuenta que éstas puedan acordarse con la hipótesis que considera al reposo como un movimiento naciente, o a la igualdad como la última desigualdad"[3]. Añadiremos todavía una última cita al respecto, en la que encontramos un nuevo ejemplo de un género algo diferente a los anteriores, pero no menos dudoso desde el

---

[1] *Epistola ad V. Cl. Christianum Wolfium, Professorem Matheseos Halensem, circa Scientiam Infiniti,* en las *Acta Eruditorum* de Leipzig, 1713.

[2] Carta ya citada a Varignon, 2 de febrero de 1702.

[3] *Specimen Dynamicum*, obra ya citada anteriormente.

punto de vista lógico: "Aunque no sea rigurosamente cierto que el reposo es una especie de movimiento, o que la igualdad es una especie de desigualdad, así como tampoco es verdad que el círculo es una especie de polígono regular, no obstante puede decirse que el reposo, la igualdad y el círculo acaban con los movimientos, las desigualdades y los polígonos regulares, que mediante un cambio continuo llegan a desvanecerse. Y aunque estas terminaciones sean exclusivas, es decir, que no están rigurosamente comprendidas en las variedades que limitan, poseen sin embargo sus propiedades, como si estuvieran allí incluidas, según el lenguaje de los infinitos o infinitesimales, que toma al círculo, por ejemplo, como un polígono regular cuyo número de lados es infinito. De otro modo, la ley de continuidad sería violada, es decir, que, puesto que se pasa de los polígonos al círculo por un cambio continuado y sin saltos, es preciso también que no se produzca un salto en el paso de las propiedades de los polígonos a las del círculo"[4].

Es conveniente decir que, como por lo demás está indicado en el último pasaje que acabamos de citar, Leibnitz considera estas afirmaciones como siendo del género de aquellas que no son más que "*toleranter verae*", y que, según dice en otra parte, "sirven sobre todo al arte de inventar, aunque, a mi juicio, encierran algo ficticio e imaginario, que no obstante puede ser fácilmente rectificado por la reducción a las expresiones ordinarias, a fin de que no pueda producirse ningún error"[5]; pero, en realidad, ¿son de tal modo o más bien no ocultan contradicciones puras y simples? Sin duda, Leibnitz reconoce que el caso extremo, o el "*ultimus casus*", es "*exclusivus*", lo que manifiestamente supone que se encuentra fuera de la serie de los casos que naturalmente entran en la ley general; pero, entonces, ¿con qué derecho se puede hacer entrar en esta ley y tratarlo "*ut inclusivum*", es decir, como si no fuera más que un caso particular incluido en esta serie? Es verdad que el círculo es el límite de un polígono regular cuyo número de lados crece indefinidamente, pero su definición

---

4 *Justification du Calcul des infinitésimales par celui de l'Algèbre ordinaire*, nota adjunta a la carta de Varignon a Leibnitz del 23 de mayo de 1702, en la que es mencionada como habiendo sido enviada por Leibnitz para su inclusión en el *Journal de Trévoux.* -Leibnitz toma la palabra "continuado" en el sentido de "continuo".

5 *Epistola ad V. Cl. Christianum Wolfium*, anteriormente citada.

es esencialmente diferente de la de los polígonos; y claramente se observa, en un ejemplo como éste, la diferencia cualitativa que, como hemos dicho, existe entre el límite y aquello que limita. El reposo no es en modo alguno un caso particular del movimiento, ni la igualdad un caso particular de la desigualdad, ni la coincidencia un caso particular de la distancia, ni el paralelismo un caso particular de la convergencia; por otra parte, Leibnitz no admite que lo sean en un sentido riguroso, pero no por ello deja de sostener que en cierta manera puedan ser considerados como tales, de modo que "el género se termina en la cuasi-especie opuesta"[6], y que algo puede ser "equivalente a una especie de su contradictorio". Por lo demás, notémoslo de paso, la noción de "virtualidad", concebida por Leibnitz en el especial sentido que le da, como una potencia que sería un acto que comienza, pertenece al mismo orden de ideas[7], lo que no es menos contradictorio que los restantes ejemplos citados.

Desde cualquier punto de vista que se considere, no se ve del todo cómo una determinada especie podría ser un "caso límite" de la especie o del género opuesto, pues no es en este sentido como los opuestos se limitan recíprocamente, sino más bien al contrario, al excluirse, y es imposible que los contradictorios sean reductibles uno al otro; y, por otra parte, la desigualdad, por ejemplo, ¿puede tener un significado distinto en la medida en que se opone a la igualdad y es su negación? Ciertamente, no podemos decir que afirmaciones como ésta sean siquiera "*toleranter verae*"; incluso aunque no se admitiera la existencia de géneros absolutamente separados, no sería menos cierto que un género cualquiera, definido como tal, jamás puede llegar a ser parte integrante de otro género igualmente definido y cuya definición no incluye la suya propia, aunque no la excluya formalmente como en el caso de los contradictorios, y que, si una comunicación puede establecerse entre géneros diferentes, ésta no puede darse en aquello en lo que efectivamente difieren, sino solamente por medio de un género superior en el que entren igualmente ambos. Una concep-

---

[6] *Initia Rerum Mathematicarum Metaphysica*. -Leibnitz dice textualmente: *genus in quasi-speciem oppositam desinit*, y el empleo de esta singular expresión de "quasi-species" parece al menos indicar cierta dificultad para dar una apariencia plausible a tal enunciado.

[7] Es evidente que las palabras "acto" y "potencia" son aquí tomadas en su sentido aristotélico y escolástico.

ción tal de la continuidad, que termina por suprimir no sólo toda separación, sino también toda distinción efectiva, al permitir el paso directo de un género a otro sin reducción a un género superior o más general, es propiamente la negación misma de todo principio verdaderamente lógico; de ahí a la afirmación hegeliana de la "identidad de los contradictorios" no hay más que un paso, y además muy fácil de franquear.

Capítulo XIV: LAS "CANTIDADES DESVANECIENTES"

La justificación del "paso al límite" consiste a fin de cuentas, para Leibnitz, en que el caso particular de las "cantidades desvanecientes", como él dice, debe, en virtud de la continuidad, entrar en cierto sentido en la regla general; y, por otra parte, estas cantidades desvanecientes no pueden ser consideradas como "absolutamente nada", o como puros ceros, pues, siempre en razón de la misma continuidad, mantienen entre sí una determinada relación, generalmente diferente de la unidad, aún en el mismo instante en que desaparecen, lo que supone que todavía son verdaderas cantidades, aunque "inasignables" con respecto a las cantidades ordinarias[1]. No obstante, si las cantidades desvanecientes, o, lo que es lo mismo, las cantidades infinitesimales, no son "nadas absolutas", y ello incluso cuando se trata de diferenciales de órdenes superiores al primero, deben entonces ser consideradas como "nadas relativas", es decir, que, manteniendo su carácter de verdaderas cantidades, pueden e incluso deben ser obviadas respecto a las cantidades ordinarias, con las cuales son "incomparables"[2]; pero, multiplicadas por cantidades "infinitas", o incomparablemente mayores que las cantidades ordinarias, reproducen cantidades ordinarias, lo cual sería imposible si fueran absolutamente nulas. Puede verse, por las definiciones anteriormente dadas, que la consideración de la relación entre las cantidades desvanecientes que se mantiene determinada se refiere al cálculo integral. La dificultad, en todo esto, consiste en admitir que cantidades que no son absolutamente nulas deban no obstante ser tratadas como nulas en el cálculo, lo que ofrece el riesgo de dar la impresión de que no se trata más que de una simple aproximación; todavía a este respecto, Leibnitz parece a veces invocar la "ley de continuidad", por la cual el "caso límite" se halla reduci-

---

[1] Para Leibnitz, 0/0 = 1, porque, según dice, "una nada vale lo mismo que otra"; pero, como por otra parte 0 x n = 0, y ello sea cual sea el número n, es evidente que también puede escribirse 0/0 = n, y por ello generalmente se considera tal expresión 0/0 como representando lo que se llama una "forma indeterminada".

[2] La diferencia entre esto y la comparación del grano de arena es que, desde que se habla de "cantidades desvanecientes", ello supone necesariamente que se trata de cantidades variables, y ya no de cantidades fijas y determinadas, por pequeñas que, por lo demás, se las suponga.

do a la regla general, como el único postulado que exige su método; pero este argumento es por lo demás muy confuso, y más bien es necesario volver a la noción de los "incomparables", como por otra parte a menudo hace, para justificar la eliminación de las cantidades infinitesimales en el resultado del cálculo.

En efecto, Leibnitz considera como iguales, no solamente las cantidades cuya diferencia es nula, sino también aquellas cuya diferencia es incomparable a estas mismas cantidades; sobre esta idea de los "incomparables" está basada para él, tanto la eliminación de las cantidades infinitesimales, que desaparecen así ante las cantidades ordinarias, como la distinción de los diferentes órdenes de cantidades infinitesimales o diferenciales, ya que las cantidades de cada uno de estos órdenes son incomparables con las del precedente, del mismo modo que las del primer orden lo son con las cantidades ordinarias, aunque sin que jamás se llegue a "nadas absolutas". "Yo llamo magnitudes incomparables, dice Leibnitz, a aquellas en las que una de las mismas multiplicada por cualquier número finito no podría exceder a la otra, del mismo modo que Euclides lo enseña en la quinta definición de su quinto libro"[3]. Nada hay aquí, por otra parte, que indique si esta definición debe entenderse de las cantidades fijas y determinadas o de las cantidades variables; pero puede admitirse que, en toda su generalidad, debe indistintamente aplicarse a ambos casos: toda la cuestión reside entonces en saber si dos cantidades fijas, por diferentes que sean en la escala de las magnitudes, pueden ser jamás consideradas como realmente "incomparables", o si no lo son más que con relación a los instrumentos de medición de que dispongamos. Pero no cabe aquí insistir sobre este punto, ya que el propio Leibnitz ha declarado, por lo demás, que este caso no es el de los diferenciales[4], de lo cual se deduce no sólo que la comparación del grano de arena era manifiestamente falsa en sí misma, sino también que en el fondo no respondía, de acuerdo con su propio pensamiento, a la verdadera noción de los "incomparables", al menos en tanto que esta noción deba aplicarse a las cantidades infinitesimales.

Algunos han creído sin embargo que el cálculo infinitesimal no podría ser perfectamente riguroso más que a condición de

---

[3] Carta al marqués del Hospital, 14-24 de junio de 1695.
[4] Carta ya citada a Varignon, 2 de febrero de 1702.

que las cantidades infinitesimales pudieran ser consideradas como nulas, y, al mismo tiempo, han pensado equivocadamente que un error podía ser entendido como nulo cuando se lo pudiera suponer tan pequeño como se quisiera; equivocadamente, decimos, pues ello significa admitir que una variable, en tanto que tal, puede alcanzar su límite. He aquí por otra parte lo que Carnot dice a este respecto: "Hay personas que creen haber establecido suficientemente el principio del análisis infinitesimal cuando se han hecho el siguiente razonamiento: es evidente, y todo el mundo lo reconoce, que los errores a los que darían lugar los procedimientos del análisis infinitesimal, si los hubiera, siempre podrían ser supuestos tan pequeños como se quisiera; es evidente también que todo error al que pueda suponerse tan pequeño como se quiera es nulo, pues, ya que se lo puede suponer tan pequeño como se quiera, puede suponérsele un valor cero; en consecuencia, los resultados del análisis infinitesimal son rigurosamente exactos. Este razonamiento, plausible en un primer momento, no es sin embargo justo, pues es falso decir que, ya que es posible suponer un error tan pequeño como se quiera, puede por ello ser hecho nulo... Nos hallamos entonces en la necesaria alternativa de cometer un error, por pequeño que se le quiera suponer, o de tropezar con una fórmula que nada enseña, y tal es precisamente el meollo de la dificultad en el análisis infinitesimal"[5].

Es cierto que una fórmula en la que entre una relación que se presenta bajo la forma $0/0$ "no enseña nada", y puede decirse incluso que no posee sentido alguno en sí misma; no es sino en virtud de una convención, por lo demás justificada, que puede darse un sentido a la forma $0/0$ considerándola como un símbolo de indeterminación[6]; pero esta misma indeterminación hace que la relación, que tomada en esta forma podría ser igual a cualquier valor, deba por el contrario, en cada caso particular, conservar un valor determinado: es la existencia de este valor determinado lo que alega Leibnitz[7], y este argumento es, en sí mismo, perfecta-

---

[5] *Réflexions sur la Métaphysique du Calcul infinitésimal*, p. 36.

[6] Ver la nota anterior a este respecto.

[7] Con la diferencia de que, para él, la relación $0/0$ no es indeterminada, sino siempre igual a 1, tal como anteriormente hemos dicho, mientras que el valor de que se trata difiere en cada caso.

mente inatacable[8]. Pero es preciso reconocer que la noción de las "cantidades desvanecientes" tiene, según la expresión de Lagrange, "el gran inconveniente de considerar a las cantidades en el estado en que dejan, por así decir, de ser cantidades"; mas, contrariamente a lo que pensaba Leibnitz, no hay necesidad de considerarlas precisamente en el instante en que se desvanecen, pues, en ese caso, dejarían efectivamente de ser cantidades. Esto además, esencialmente, que no hay nada "infinitamente pequeño" tomado "en rigor", pues lo "infinitamente pequeño", o al menos lo que se llamaría así según el lenguaje de Leibnitz, no podría ser sino cero, al igual que lo "infinitamente grande", entendido en el mismo sentido, no podría ser sino el "número infinito"; pero, en realidad, el cero no es un número, y no hay "cantidad nula", del mismo modo que no hay "cantidad infinita". El cero matemático, en su acepción estricta y rigurosa, es una negación, al menos bajo el aspecto cuantitativo, y no puede decirse que la ausencia de cantidad constituya una cantidad; es éste un punto sobre el cual deberemos pronto incidir para desarrollar más completamente las diversas consecuencias que de él resultan.

Luego, la expresión de "cantidades desvanecientes" tiene sobre todo el inconveniente de prestarse a un equívoco, y de hacer creer que se considera a las cantidades infinitesimales como cantidades que se anulan efectivamente, pues, a menos de cambiar el sentido de las palabras, es difícil comprender que "desvanecerse", cuando se trata de cantidades, pueda querer decir otra cosa que anularse. En realidad, estas cantidades infinitesimales, entendidas como cantidades indefinidamente menguantes, lo cual es su verdadero significado, jamás pueden ser llamadas ""desvanecientes" en el sentido propio de la palabra, y seguramente hubiera sido preferible no introducir esta noción, que, en el fondo, tiende a la concepción que Leibnitz se hacía de la continuidad, y que, como tal, inevitablemente implica un elemento de contradicción que es inherente al ilogismo de esta misma concepción. Ahora bien, si un error, aunque pudiendo hacerse tan pequeño como se quiera, jamás puede llegar a ser absolutamente nulo,

---

[8] Cf. Ch. de Freycinet, *De l'Analyse infinitésimale*, pp. 45-46: "Si los crecimientos son reducidos al estado de puros ceros, dejan de tener significado. Lo propio de ellos es ser, no rigurosamente nulos, sino indefinidamente menguantes, sin llegar jamás a poder ser confundidos con el cero, en virtud del principio general de que una variable nunca puede coincidir con su límite".

¿cómo el cálculo infinitesimal podría ser verdaderamente riguroso? Y si, de hecho, el error es prácticamente despreciable, ¿deberá deducirse de ello que este cálculo se reduce a un simple método de aproximación, o, al menos, como dice Carnot, de "compensación"? Ésta es una cuestión que deberemos resolver a continuación; pero, puesto que hemos sido llevados a hablar aquí del
cero y de la pretendida "cantidad nula", más vale tratar primero
este otro asunto, cuya importancia, como se verá, está lejos de
ser desdeñable.

Capítulo XV: CERO NO ES UN NÚMERO

El decrecimiento indefinido de los números no puede desembocar en un "número nulo", del mismo modo que su indefinido crecimiento no puede llegar a un "número infinito", y ello por la misma razón, ya que uno de estos números debería ser el inverso del otro; en efecto, según lo que anteriormente dijimos respecto a los números inversos, que están igualmente alejados de la unidad en sus dos series, una creciente y otra menguante, y que tienen por punto de partida común a dicha unidad, dado que necesariamente debe haber el mismo número de términos en ambas series, los últimos términos, que serían el "número infinito" y el "número nulo", deberían, de existir, estar igualmente alejados de la unidad, luego ser recíprocamente inversos[1]. En estas condiciones, si el signo ¥ no es en realidad más que el símbolo de las cantidades indefinidamente crecientes, el signo 0 debería lógicamente poder ser igualmente entendido como el símbolo de las cantidades indefinidamente menguantes, a fin de expresar en la notación la simetría que existe, como ya hemos dicho, entre unas y otras; pero, lamentablemente, el signo 0 posee ya otro significado, pues sirve originalmente para designar la ausencia de toda cantidad, mientras que el signo ¥ no posee ningún sentido real que corresponda correlativamente a éste. Se trata de una nueva fuente de confusiones, como las que se producen a propósito de las "cantidades desvanecientes", y sería necesario, para evitarlas, crear para las cantidades indefinidamente menguantes otro símbolo diferente al cero, puesto que dichas cantidades se caracterizan por no poder jamás anularse en su variación; en todo caso, con la notación actualmente empleada por los matemáticos, parece casi imposible que no se produzcan tales confusiones.

Si insistimos en la observación de que el cero, en tanto

---

[1] Esto estaría representado, según la notación ordinaria, por la fórmula $0 \times ¥ = 1$; pero, de hecho, la forma $0 \times ¥$ es, al igual que $0 / 0$, una "forma indeterminada", y puede escribirse $0 \times ¥ = n$, designando n un número cualquiera, lo que por lo demás demuestra que, en realidad, 0 e ¥ no pueden ser considerados como representando números determinados; volveremos posteriormente sobre este punto. Es de señalar, además, que $0 \times ¥$ corresponde, con respecto a los "límites de las sumas" del cálculo integral, lo que $0 / 0$ es con respecto a los "límites de las relaciones" del cálculo diferencial.

que representa la ausencia de toda cantidad, no es un número y no puede ser considerado como tal, aunque ello pueda en suma parecer bastante evidente a quienes jamás han tenido ocasión de conocer ciertas discusiones, es porque, desde el momento en que se admite la existencia de un "número nulo", que debe ser el "menor de los números", forzosamente se está obligado a suponer correlativamente, como su inverso, un "número infinito", en el sentido del "mayor de los números". De modo que si se acepta el postulado de que el cero no es un número, el argumento en favor del "número infinito" puede ser en consecuencia perfectamente lógico[2]; pero es precisamente este postulado lo que debe ser rechazado, pues, si las consecuencias que de él se deducen son contradictorias, y hemos visto que la existencia del "número infinito" efectivamente lo es, es porque, en sí mismo, implica una contradicción. Efectivamente, la negación de la cantidad no puede en modo alguno ser asimilada a una cantidad; la negación del número o de la magnitud no puede en ningún sentido ni en grado alguno constituir una especie de número o de magnitud; pretender lo contrario implica el sostenimiento de que algo puede ser, según la expresión de Leibnitz, "equivalente a una especie de su contradictorio", y tanto valdría decir a continuación que la negación de la lógica es la propia lógica.

Es entonces contradictorio hablar del cero como de un número, o suponer un "cero de magnitud" que sería asimismo una magnitud, de donde forzosamente resultaría la consideración de otros tantos ceros distintos como diferentes especies de magnitudes haya; en realidad, no puede existir sino el cero puro y simple, que no es más que la negación de la cantidad, bajo cualquier forma que, por lo demás, se le considere[3]. Puesto que tal es el

---

[2] De hecho, sobre este postulado se basa en gran parte el argumento de L. Couturat en su tesis *De l'infini mathématique*.

[3] También resulta de ello que el cero no puede ser considerado como un límite en el sentido matemático de la palabra, pues un verdadero límite es siempre, por definición, una cantidad; es por lo demás evidente que una cantidad que mengua indefinidamente no tiene más límite que una cantidad que crezca indefinidamente, o que al menos ambas no pueden tener otros límites que los que necesariamente resultan de la naturaleza misma de la cantidad como tal, lo que es una acepción bastante diferente de la misma palabra "límite", aunque exista entre ambas una determinada relación que más tarde indicaremos; matemáticamente, no puede hablarse más que del límite de la relación de dos cantidades indefinidamente crecientes o de dos cantidades indefinidamente menguantes, y no del límite de tales cantidades en sí mismas.

verdadero sentido del cero aritmético entendido "rigurosamente", es evidente que este sentido no tiene nada en común con la noción de las cantidades indefinidamente menguantes, que son siempre cantidades, y no una ausencia de cantidad, y tampoco se trata de algo que sea en cierta manera mediador entre el cero y la cantidad, lo que también sería una concepción perfectamente ininteligible, y que, en su orden, recordaría bastante además a la idea de la "virtualidad" de Leibnitz, de la cual ya hemos dicho anteriormente algunas palabras.

Podemos ahora volver al otro significado que posee el cero en la notación habitual, a fin de ver cómo han podido tener lugar las confusiones de las que hemos hablado: ya hemos dicho que un número puede ser considerado en cierto modo como prácticamente indefinido desde el momento en que ya no nos es posible expresarlo o representarlo distintamente de una manera cualquiera; tal número, sea cual sea, solamente podrá, en el orden creciente, ser simbolizado por el signo ¥, en tanto que éste representa lo indefinidamente grande; no se trata entonces aquí de un número determinado, sino más bien de todo un dominio, lo que por lo demás es necesario para que sea posible considerar, en lo indefinido, desigualdades e incluso órdenes diferentes de magnitudes. Haría falta, en la notación matemática, otro símbolo que representase el dominio que corresponde a éste en el orden menguante, es decir, lo que puede ser designado como el dominio de lo indefinidamente pequeño; pero, como un número perteneciente a este dominio es, de hecho, prescindible en los cálculos, se ha adquirido la costumbre de considerarlo como prácticamente nulo, aunque ésta no sea sino una simple aproximación resultante de la inevitable imperfección de nuestros medios de expresión y de medida, y sin duda por tal razón se ha llegado a simbolizar con el mismo signo 0, que en realidad representa la ausencia rigurosa de toda cantidad. Sólo en este sentido el signo 0 se toma en cierta manera como simétrico del signo ¥, y que pueden ser situados respectivamente en los dos extremos de la serie de los números, tal como anteriormente la hemos considerado extendiéndose indefinidamente, por los números enteros y por sus inversos, en los dos sentidos creciente y menguante. Esta serie se presenta entonces bajo la forma siguiente: 0... ...1/4, 1/3, 1/2, 1, 2, 3, 4... ... ¥; pero es preciso advertir que 0 e ¥ representan, no dos números determinados, que terminarían la serie en los dos sentidos, sino dos dominios indefinidos, en los que por el contrario no podrían haber últimos términos, en razón de su propia *indefinidad*; es entonces evidente que el cero no podría ser aquí ni un "número nulo", que constituiría el último término en la serie menguante, ni una negación o una ausencia de toda cantidad, que no puede tener ningún lugar en esta serie de cantidades numéricas.

En esta misma serie, como hemos explicado anteriormente, dos números equidistantes de la unidad central son inversos o complementarios uno de otro, es decir, que reproducen la unidad por su multiplicación: 1/n x n = 1, de forma que, para las dos extremidades de la serie, debería escribirse también 0 x ¥ = 1; pero, debido a que los signos 0 e ¥, que son los dos factores de este último producto, no representan números determinados, la propia expresión 0 x ¥ constituye un símbolo de indeterminación, o lo que se denomina una "forma indeterminada", y debe entonces escribirse 0 x ¥ = n, siendo n un número cualquiera[4]; no es menos cierto que, de todas formas, se llega así a un finito ordinario, ya que las dos *indefinidades* opuestas se neutralizan, por así decir, una a otra. Se ve entonces muy claramente, una vez más, que el símbolo ¥ no representa al Infinito, pues éste, en su verdadero sentido, no puede tener ni opuesto ni complementario, y no puede entrar en correlación con nada, ni con el cero, en cualquier sentido que se lo considere, ni con la unidad, ni con un número cualquiera, ni por lo demás con nada particular, sea del orden que sea, cuantitativo o no; siendo el Todo universal y absoluto, contiene tanto al No-Ser como al Ser, de modo que el cero, desde el instante en que es considerado como una pura nada, debe necesariamente entenderse también como comprendido en el Infinito.

Al hacer aquí alusión al No-Ser, tocamos otro significado del cero, muy diferente de los que acabamos de considerar, y que es además el más importante desde el punto de vista de su simbolismo metafísico; pero, a este respecto, es necesario, para evitar toda confusión entre el símbolo y lo que éste representa, precisar bien que el Cero metafísico, que es el No-Ser, no es un cero cuantitativo, así como la Unidad metafísica, que es el Ser, tampoco es la unidad aritmética; lo que así es designado por tales términos no puede significarlo más que por una transposición analógica, ya que, al situarse en lo Universal, se está evidentemente más

---

[4] Ver la nota anterior.

allá de todo dominio especial, como el de la cantidad. No es por otra parte en tanto que representa a lo indefinidamente pequeño como el cero puede, mediante tal transposición, ser tomado como símbolo del No-Ser, sino en tanto que, según su acepción matemática más rigurosa, representa la ausencia de cantidad, lo que en efecto simboliza en su orden la posibilidad de no manifestación, al igual que la unidad simboliza la posibilidad de manifestación, siendo el punto de partida de la multiplicidad indefinida de los números, del mismo modo que el Ser es el principio de toda manifestación[5].

Esto nos lleva aún a señalar que, de cualquier manera que se considere el cero, en ningún caso podría ser tomado por una pura nada, lo que metafísicamente no corresponde sino a la imposibilidad, y ésta, por otra parte, no puede lógicamente ser representada por nada. Ello es demasiado evidente cuando se trata de lo indefinidamente pequeño; es verdad que éste no constituye, si se quiere, más que un sentido derivado, debido, como acabamos de decir, a una especie de asimilación aproximativa de una cantidad despreciable para nosotros a la ausencia misma de cantidad; pero, en lo que concierne a la ausencia de cantidad, lo que es nulo bajo este aspecto bien puede no serlo bajo otros aspectos, como claramente se ve mediante un ejemplo como el del punto, que, siendo indivisible, es por ello mismo inextenso, es decir, espacialmente nulo[6], aunque no por ello deja de ser, tal como en otro lugar hemos expuesto, el principio mismo de toda la extensión[7]. Es por lo demás verdaderamente extraño que los matemáticos tengan generalmente la costumbre de considerar al cero como una pura nada, y que no obstante les sea imposible no considerarlo al mismo tiempo como dotado de una potencia indefinida, ya que, situado a la derecha de otra cifra "significativa", contribuye a formar la representación de un número que, mediante la repetición de este mismo cero, puede crecer indefinidamente, como ocurre, por ejemplo, en el caso del número diez y de sus sucesivas potencias. Si realmente el cero no fuese sino una pura nada, esto no podría tener lugar, y además, a decir verdad, no

---

[5] Sobre este tema, ver *Les États multiples de l'être*, cap. III.

[6] Por ello, como ya dijimos, el punto no puede en modo alguno ser considerado como constituyendo un elemento o una parte de la extensión.

[7] Ver *Le Symbolisme de la Croix*, cap. XVI.

sería entonces más que un signo inútil, enteramente desprovisto de todo valor efectivo; hay entonces, en las concepciones matemáticas modernas, una inconsecuencia más a añadir a todas aquellas que ya hemos tenido ocasión de señalar hasta el momento.

Capítulo XVI: LA NOTACIÓN DE LOS NÚMEROS NEGATIVOS

Si volvemos de nuevo a la segunda de las dos significaciones matemáticas del cero, es decir, al cero considerado como representando lo indefinidamente pequeño, lo que importa retener bien ante todo, es que el dominio de éste comprende, en la sucesión doblemente indefinida de los números, todo lo que está más allá de nuestros medios de evaluación de un determinado sentido, del mismo modo que el dominio de lo indefinidamente grande comprende, en esta misma sucesión, todo lo que está más allá de estos mismos medios de evaluación en el otro sentido. Dicho esto, evidentemente no ha lugar hablar de números «más pequeños que cero», como tampoco de números «más grandes que el infinito»; y eso es aún más inaceptable, si es posible, cuando el cero, en su otra significación, representa pura y simplemente la ausencia de toda cantidad, ya que una cantidad que fuera más pequeña que nada es propiamente inconcebible. No obstante, esto es lo que se ha querido hacer, en un cierto sentido, al introducir en matemáticas la consideración de los números llamados negativos, y al olvidar, por un efecto del «convencionalismo» moderno, que estos números, en el origen, no son nada más que la indicación del resultado de una sustracción realmente imposible, por la cual un número más grande debería ser sustraído de un número más pequeño; por lo demás, ya hemos hecho observar que todas las generalizaciones o las extensiones de la idea de número no provienen de hecho más que de la consideración de operaciones imposibles desde el punto de vista de la aritmética pura; pero esta concepción de los números negativos y las consecuencias que entraña requieren aún algunas otras explicaciones.

Hemos dicho precedentemente que la sucesión de los números enteros se forma a partir de la unidad, y no a partir de cero; en efecto, dada la unidad, toda la sucesión de los números se deduce de ella de tal suerte que se puede decir que toda la sucesión está ya implícita y contenida en principio en esta unidad inicial[1], mientras que de cero evidentemente no se puede sacar

---

[1] Del mismo modo, por transposición analógica, toda multiplicidad indefinida de las posibilidades de manifestación está contenida en principio y «eminentemente» en el Ser puro o la Unidad metafísica.

ningún número. El paso de cero a la unidad no puede hacerse de la misma manera que el paso de la unidad a los demás números, o de un número cualquiera al número siguiente, y, en el fondo, suponer posible este paso del cero a la unidad, es haber establecido ya implícitamente la unidad[2]. En fin, poner cero al comienzo de la sucesión de los números, como si fuera el primero de esta sucesión, no puede tener más que dos significaciones: o bien es admitir realmente que cero es un número, contrariamente a lo que hemos establecido, y, por consiguiente, que puede tener con los demás números relaciones del mismo orden que las relaciones de estos números entre sí, lo que no puede ser, puesto que cero multiplicado o dividido por un número cualquiera da siempre cero; o bien es un simple artificio de notación, que no puede sino entrañar confusiones más o menos inextricables. De hecho, el empleo de este artificio no se justifica apenas si no es para permitir la introducción de la notación de los números negativos, y, si el uso de esta notación ofrece sin duda algunas ventajas para la comodidad de los cálculos, consideración completamente «pragmática» que no está en litigio aquí y que carece incluso de importancia verdadera bajo nuestro punto de vista, es fácil darse cuenta de que no deja de presentar, por otra parte, graves inconvenientes lógicos. La primera de todas las dificultades a las que da lugar a este respecto, es precisamente la concepción de las cantidades negativas como «menores que cero», que Leibnitz colocaba entre las afirmaciones que no son más que «*toleranter verae*», pero que, en realidad, como lo decíamos hace un momento, está desprovista de toda significación. «Adelantar que una cantidad negativa aislada es menor que cero, ha dicho Carnot, es cubrir la ciencia de las matemáticas, que debe ser la de la evidencia, de una nube impenetrable, y comprometerse en un laberinto de paradojas a cuál más extravagante»[3]. Sobre este punto, podemos atenernos a este juicio, que no es sospechoso y que ciertamente no tiene nada de exagerado; por lo demás, en el uso que se hace de esta notación de los números negativos, no se debería olvidar nunca que en eso no se trata de nada más que de una simple convención.

---

[2] Eso aparece de una manera completamente evidente si, conforme a ley general de formación de la sucesión de los números, se representa este paso por la fórmula 0+1=1.

[3] «Nota sobre las cantidades negativas» colocada al final de las *Réflexions sur la Métaphysique du Calcul infinitésimal*, p. 173.

La razón de esta convención es la siguiente: cuando una sustracción es aritméticamente imposible, su resultado es no obstante susceptible de una interpretación en el caso en el que esta sustracción se refiera a magnitudes que pueden ser contadas en dos sentidos opuestos, como, por ejemplo, las distancias medidas en una línea, o los ángulos de rotación alrededor de un punto fijo, o también los tiempos contados, a partir de un determinado instante, hacia el futuro o hacia el pasado. De ahí la representación geométrica que se da habitualmente de estos números negativos: si se considera una recta entera, indefinida en los dos sentidos, y no ya solamente una semirrecta como lo habíamos hecho precedentemente, las distancias sobre esta recta se cuentan como positivas o como negativas según sean recorridas en un sentido o en el otro, y se fija un punto tomado como origen, a partir del cual las distancias se llaman positivas de un lado y negativas del otro. A cada punto de la recta corresponderá un número que será la medida de su distancia al origen, y que, para simplificar el lenguaje, podemos llamar su coeficiente; el origen mismo, en este caso también, tendrá naturalmente como coeficiente cero, y el coeficiente de cualquier otro punto de la recta será un número afectado por el signo + ó -, signo que, en realidad, indicará simplemente de qué lado está situado ese punto con relación al origen. Sobre una circunferencia, se podrá distinguir de igual modo un sentido de rotación positivo y un sentido de rotación negativo, y contar, a partir de una posición inicial del radio, los ángulos como positivos o como negativos según se describan en uno u otro de estos dos sentidos, lo que daría lugar a unas precisiones análogas. Para atenernos a la consideración de la recta, dos puntos equidistantes del origen, por una y otra parte de éste, tendrán por coeficiente el mismo número, pero con signos contrarios, y un punto más alejado que otro del origen tendrá naturalmente como coeficiente, en todos los casos, un número más grande; por esto se ve que, si un número n es más grande que otro número m, es absurdo decir, como se hace ordinariamente, que -n es más pequeño que -m, puesto que representa al contrario una distancia más grande. Por lo demás, el signo colocado así delante de un número no puede modificarse realmente de ninguna manera desde el punto de vista de la cantidad, puesto que no representa nada que se refiera a la medida de las distancias en sí mismas, sino solamente la dirección en la que son recorridas estas distancias, dirección que es un elemento de orden propiamente cualitativo y no cuantitativo[4].

Por otra parte, puesto que la recta es indefinida en los dos sentidos, uno es llevado a considerar un indefinido positivo y un indefinido negativo, que se representan respectivamente por los signos $+\infty$ y $-\infty$, y que se designan comúnmente por las expresiones absurdas de "más infinito" y "menos infinito"; uno se pregunta lo que podría ser en efecto un infinito negativo, o también lo que podría subsistir si de algo o incluso de nada, puesto que los matemáticos consideran el cero como nada, se restara el infinito; éstas son cosas que basta enunciar en lenguaje claro para ver inmediatamente que están desprovistas de toda significación. Es menester agregar también que seguidamente uno es impulsado, en particular en el estudio de la variación de las funciones, a considerar lo indefinido negativo como confundiéndose con lo indefinido positivo, de tal suerte que un móvil que parte del origen y que se aleja constantemente de él en el sentido positivo volvería de nuevo hacia éste por el lado negativo, o inversamente, si su movimiento se prosiguiera durante un tiempo indefinido, de donde resulta que la recta, o lo que se considera como tal, debe ser en realidad una línea cerrada, aunque indefinida. Por lo demás, se podría mostrar que las propiedades de la recta en el plano son enteramente análogas a las de un gran círculo o círculo diametral sobre la superficie de una esfera, y que así el plano y la recta pueden ser asimilados a una esfera y a un gran círculo de radio indefinidamente grande, y por consecuencia de curvatura indefinidamente pequeña, siendo asimilados entonces los círculos ordinarios del plano a los círculos pequeños de esta misma esfera; por otro lado, esta asimilación, para devenir rigurosa, supone un "paso al límite", ya que es evidente que, por grande que devenga el radio en su crecimiento indefinido, se tiene siempre una esfera y no un plano, y que esta esfera sola tiende a confundirse con el plano, y sus grandes círculos con rectas, de tal suerte que el plano y la recta son aquí límites, de la misma manera que el círculo es el límite de un polígono regular cuyo número de lados crece indefinidamente. Sin

---

[4] Ver *Le Règne de la Quantité et les Signes des Temps,* cap. IV. Uno podría preguntarse si no hay como una suerte de recuerdo inconsciente de este carácter cualitativo en el hecho de que los matemáticos designen todavía a veces los números tomados "con su signo", es decir, considerados como positivos o negativos, bajo el nombre de "números cualificados", aunque, por lo demás, no parezcan dar ningún sentido muy claro a esta expresión.

insistir más en ello, solamente haremos observar que se perciben en cierto modo directamente, por las consideraciones de este género, los límites mismos de la *indefinidad* espacial; así pues, si se quiere guardar alguna apariencia de lógica, ¿cómo se puede hablar todavía de infinito en todo esto?

Al considerar los números positivos y negativos como acabamos de decirlo, la serie de los números toma la forma siguiente: - ¥ ... ...-4, -3, -2, -1, 0, 1, 2, 3, 4, ... + ¥ , donde el orden de estos números es el mismo que el de los puntos correspondientes sobre la recta, es decir, de los puntos que tienen estos mismos números por coeficientes respectivos, lo que, por lo demás, es la marca del origen real de la serie así formada. Esta serie, aunque sea igualmente indefinida en los dos sentidos, es completamente diferente de la que hemos considerado precedentemente y que comprendía los números enteros y sus inversos: es simétrica, no ya con relación a la unidad, sino con relación al cero, que corresponde al origen de las distancias; y, si dos números equidistantes de este término central lo reproducen también, ya no es por multiplicación como en el caso de los números inversos, sino por adición "algebraica", es decir, efectuada teniendo en cuenta sus signos, lo que aquí es aritméticamente una sustracción. Por otra parte, esta nueva serie no es, como lo era la precedente, indefinidamente creciente en un sentido e indefinidamente decreciente en el otro, o al menos, si se pretende considerarla así, no es más que por una "manera de hablar" de lo más incorrecta, que es la misma por la que se consideran los números "más pequeños que cero"; en realidad, esta serie es indefinidamente creciente en los dos sentidos igualmente, puesto que lo que comprende por una parte y por otra del cero central, es la misma sucesión de los números enteros; lo que se llama el "valor absoluto", expresión bastante singular también, debe tomarse en consideración sólo en cuanto a la relación puramente cuantitativa, y los signos positivos o negativos no cambian nada a este respecto, puesto que, en realidad, no expresan otra cosa que las relaciones de "situación" que hemos explicado hace un momento. Lo indefinido negativo no es pues asimilable de ninguna manera a lo indefinidamente pequeño; al contrario, como ocurre con lo indefinido positivo, es indefinidamente grande; la única diferencia, que no es de orden cuantitativo, es que se desarrolla en otra dirección, lo que es perfectamente concebible cuando se trata de magnitudes espaciales o temporales, pero totalmente desprovisto de sentido para magnitudes aritméticas, para las cuales un tal desarrollo es necesariamente único, y no puede ser otro que el de la serie de los números enteros.

Entre las otras consecuencias extravagantes o ilógicas de la notación de los números negativos, señalaremos también la consideración, introducida por la resolución de las ecuaciones algebraicas, de las cantidades llamadas "imaginarias", que Leibnitz, como lo hemos visto, colocaba, de la misma manera que las cantidades infinitesimales, entre lo que llamaba "ficciones bien fundadas"; estas cantidades, o supuestas tales, se presentan como raíces de los números negativos, lo que, en realidad, no responde tampoco más que a una imposibilidad pura y simple, puesto que, aunque un número sea positivo o negativo, su cuadrado es siempre necesariamente positivo en virtud de las reglas de la multiplicación algebraica. Incluso si, dando a esas cantidades "imaginarias" otro sentido, se pudiera lograr hacerlas corresponder a algo real, lo que no examinaremos aquí, es bien cierto, en todo caso, que su teoría y su aplicación a la geometría analítica, tal como son expuestas por los matemáticos actuales, no aparecen apenas más que como un verdadero tejido de confusiones e incluso de absurdidades, y como el producto de una necesidad de generalizaciones excesivas y completamente artificiales, que no retrocede siquiera ante el enunciado de proposiciones manifiestamente contradictorias; algunos teoremas sobre las "asíntotas del círculo", por ejemplo, bastarían ampliamente para probar que no exageramos nada. Se podrá decir, es cierto, que en eso no se trata de geometría propiamente dicha, sino solamente, como en la consideración de la "cuarta dimensión" del espacio[5], de álgebra traducida a lenguaje geométrico; pero lo que es grave, precisamente, es que, porque una tal traducción, así como su sentido inverso, sea posible y legítima en alguna medida, se la quiera extender también a los casos en los que ya no puede significar nada, ya que eso es en efecto el síntoma de una extraordinaria confusión en las ideas, al mismo tiempo que la extrema conclusión de un "convencionalismo" que llega hasta perder el sentido de toda realidad.

---

[5] Ver *Le Règne de la Quantité et les Signes des Temps*, cap. XVIII y XXIII.

Capítulo XVII: REPRESENTACIÓN DEL EQUILIBRIO DE LAS FUERZAS

A propósito de los números negativos, y aunque no sea más que una digresión con relación al tema principal de nuestro estudio, hablaremos también de las consecuencias muy contestables del empleo de estos números desde el punto de vista de la mecánica; en realidad, por su objeto, ésta es una ciencia física, y el hecho mismo de tratarla como una parte integrante de las matemáticas, consecuencia del punto de vista exclusivamente cuantitativo de la ciencia actual, no deja de introducir en ella singulares deformaciones. A este respecto, decimos solamente que los pretendidos "principios" sobre los que los matemáticos modernos hacen reposar esta ciencia tal como la conciben, y que no se llaman así más que de una manera completamente abusiva, no son propiamente más que hipótesis más o menos bien fundadas, o también, en el caso más favorable, simples leyes más o menos generales, quizás más generales que otras, si se quiere, pero que, en todo caso, no tienen nada en común con los verdaderos principios universales, y que, en una ciencia constituida según el punto de vista tradicional, no serían más que aplicaciones de estos principios a un dominio todavía muy especial. Sin querer entrar en desarrollos demasiado largos, citaremos, como ejemplo del primer caso, el supuesto "principio de inercia", que nada podría justificar, ni la experiencia, que muestra, al contrario, que no hay inercia en ninguna parte de la naturaleza, ni el entendimiento que no puede concebir esta pretendida inercia, puesto que ésta no puede consistir más que en la ausencia completa de toda propiedad; sólo se podría aplicar legítimamente tal palabra a la potencialidad pura de la sustancia universal, o de la *materia prima* de los escolásticos, que, por lo demás, por esta razón misma, es propiamente "ininteligible"; pero esta *materia prima* es ciertamente otra cosa que la "materia" de los físicos[1]. Un ejemplo del segundo caso es lo que se llama el "principio de la igualdad de la acción y de la reacción", que es en tan poca medida un principio como se deduce inmediatamente de la ley general del equilibrio de las fuerzas naturales: cada vez que este equilibrio se rompe de una

---

[1] Ver *Le Règne de la Quantité et les Signes des Temps*, cap. II.

manera cualquiera, tiende inmediatamente a restablecerse, produciéndose una reacción cuya intensidad es equivalente a la de la acción que lo ha provocado; así pues, eso no es más que un simple caso particular de lo que la tradición extremo oriental llama las "acciones y reacciones concordantes", que no conciernen solamente al mundo corporal como las leyes de la mecánica, sino al conjunto de la manifestación bajo todos sus modos y en todos sus estados; es precisamente sobre esta cuestión del equilibrio y de su representación matemática sobre lo que nos proponemos insistir aquí un poco, ya que es bastante importante en sí misma como para merecer que uno se detenga en ella un instante.

Se representan habitualmente dos fuerzas que se equilibran por dos "vectores" opuestos, es decir, por dos segmentos de recta de igual longitud, pero dirigidos en sentidos contrarios: si dos fuerzas aplicadas en un mismo punto tienen la misma intensidad y la misma dirección, pero en sentidos contrarios, estas fuerzas se equilibran; como están entonces sin acción sobre su punto de aplicación, se dice comúnmente que se destruyen, sin atender a que, si se suprime una de estas fuerzas, la otra actúa inmediatamente, lo que prueba que no estaba destruida en realidad. Se caracterizan las fuerzas por coeficientes numéricos proporcionales a sus intensidades respectivas, y dos fuerzas de sentidos contrarios están afectadas de coeficientes de signos diferentes, uno positivo y el otro negativo: si uno es f, el otro será -f ¢. En el caso que acabamos de considerar, puesto que las dos fuerzas tienen la misma intensidad, los coeficientes que las caracterizan deben ser iguales "en valor absoluto", y se tiene f = f ¢, de donde se deduce, como condición del equilibrio, f - f ¢ = 0, es decir, que la suma algebraica de las dos fuerzas, o de los dos "vectores" que las representan, es nula, de tal suerte que el equilibrio se define así por cero. Puesto que, como lo hemos dicho ya antes, los matemáticos cometen el error de considerar el cero como una especie de símbolo de la nada, como si la nada pudiera ser simbolizada por algo, parece resultar de eso que el equilibrio es el estado de no existencia, lo que es una consecuencia bastante singular; es por esta razón, sin duda, por la que, en lugar de decir que dos fuerzas que se equilibran se neutralizan, lo que sería exacto, se dice que se destruyen, lo que es contrario a la realidad, así como acabamos de hacerlo ver por una observación de lo más simple.

La verdadera noción del equilibrio es muy diferente que

ésa: para comprenderla, basta destacar que todas las fuerzas naturales, y no sólo las fuerzas mecánicas, que, repitámoslo todavía, no son nada más que un caso muy particular de ellas, sino las fuerzas del orden sutil tanto como las del orden corporal, son o atractivas o repulsivas; las primeras pueden ser consideradas como fuerzas compresivas o de contracción, las segundas expansivas o de dilatación[2]; y, en el fondo, eso no es otra cosa que una expresión, en este dominio, de la dualidad cósmica fundamental misma. Es fácil comprender que, en un medio primitivamente homogéneo, a toda compresión que se produzca en un punto corresponderá necesariamente una expansión equivalente en otro punto, e inversamente, de suerte que se deberán considerar siempre correlativamente dos centros de fuerzas de los que cada uno no puede existir sin el otro; eso es lo que se puede llamar la ley de la polaridad, que es, bajo formas diversas, aplicable a todos los fenómenos naturales, porque deriva, ella también, de la dualidad de los principios mismos que presiden toda manifestación; esta ley, en el dominio especial del que se ocupan los físicos, es sobre todo evidente en los fenómenos eléctricos y magnéticos, pero no se limita de ninguna manera a éstos. Si dos fuerzas, una compresiva y la otra expansiva, actúan sobre un mismo punto, la condición para que las mismas se equilibren o se neutralicen, es decir, para que en ese punto no se produzca ni contracción ni dilatación, es que las intensidades de esas dos fuerzas sean equivalentes; no decimos iguales, puesto que estas fuerzas son de especies diferentes, y ya que en eso se trata de una diferencia realmente cualitativa y no simplemente cuantitativa. Se pueden caracterizar las fuerzas por coeficientes proporcionales a la contracción o a la dilatación que producen, de tal suerte que, si se consideran una fuerza compresiva y una fuerza expansiva, la primera estará afectada de un coeficiente $n > 1$, y la segunda de un coeficiente $n' <$

---

[2] Si se considera la noción ordinaria de las fuerzas centrípetas y centrífugas, uno puede darse cuenta sin esfuerzo de que las primeras se reducen a las fuerzas compresivas y las segundas a las fuerzas expansivas; del mismo modo, una fuerza de tracción es asimilable a una fuerza expansiva, puesto que se ejerce a partir de su punto de aplicación, y una fuerza de impulsión o de choque es asimilable a una fuerza compresiva, puesto que se ejerce al contrario hacia ese mismo punto de aplicación; pero, si se consideran con relación a su punto de emisión, es lo inverso lo que sería verdad, lo que, por lo demás, es exigido por la ley de la polaridad. En otro dominio, la "coagulación" y la "solución" herméticas corresponden también respectivamente a la compresión y a la expansión.

1; cada uno de estos coeficientes puede ser la relación entre la densidad que toma el medio ambiente en el punto considerado, bajo la acción de la fuerza correspondiente, y la densidad primitiva de este mismo medio, supuesto homogéneo a este respecto cuando no sufre la acción de ninguna fuerza, en virtud de una simple aplicación del principio de razón suficiente[3]. Cuando no se produce ni compresión ni dilatación, esta relación es forzosamente igual a la unidad, puesto que la densidad del medio no está modificada; así pues, para que dos fuerzas que actúan en un punto se equilibren, es menester que su resultante tenga por coeficiente la unidad. Es fácil ver que el coeficiente de esta resultante es el producto, y no ya la suma como en la concepción ordinaria, de los coeficientes de las dos fuerzas consideradas; por consiguiente, estos dos coeficiente n y n¢ deberán ser números inversos el uno del otro: n¢ = , y se tendrá, como condición del equilibrio, n x n¢= 1; así, el equilibrio estará definido, no ya por el cero, sino por la unidad[4].

Se ve que esta definición del equilibrio por la unidad, que es la única real, corresponde al hecho de que la unidad ocupa el medio en la sucesión doblemente indefinida de los números enteros y de sus inversos, mientras que este lugar central está en cierto modo usurpado por el cero en la sucesión artificial de los números positivos y negativos. Muy lejos de ser el estado de no existencia, el equilibrio es al contrario la existencia considerada en sí misma, independientemente de sus manifestaciones secundarias y múltiples; por lo demás, entiéndase bien que no es el No-Ser, en el sentido metafísico de esta palabra, ya que la existencia, incluso en ese estado primordial e indiferenciado, no es todavía más que el punto de partida de todas las manifestaciones diferenciadas, como la unidad es el punto de partida de toda la multiplicidad de los números. Esta unidad, tal como acabamos de considerarla, y en la cual reside el equilibrio, es lo que la tradición extremo oriental llama el "Invariable Medio"; y, según esta misma tradición, este equilibrio o esta armonía es, en el centro de cada estado y de cada modalidad del ser, el reflejo de la "Actividad del Cielo".

---

[3] Entiéndase bien que, cuando hablamos así del principio de razón suficiente, le consideramos únicamente en sí mismo, fuera de todas las formas especializadas y más o menos contestables que Leibnitz u otros han querido darle.

[4] Esta fórmula corresponde exactamente a la concepción del equilibrio de los dos principios complementarios *yang* y *yin* en la cosmología extremo oriental.

Capítulo XVIII: CANTIDADES VARIABLES Y CANTIDADES FIJAS

Volvamos ahora a la cuestión de la justificación del rigor del cálculo infinitesimal: hemos visto ya que Leibnitz considera como iguales las cantidades cuya diferencia, sin ser nula, es incomparable a esas cantidades mismas; en otros términos, las cantidades infinitesimales, que no siendo *"nihila absoluta"*, son no obstante *"nihila respectiva"*, y, como tales, deben ser desdeñadas con respecto a las cantidades ordinarias. Desdichadamente, la noción de los "incomparables" permanece demasiado imprecisa como para que un razonamiento que no se apoya más que sobre esta noción pueda bastar plenamente para establecer el carácter riguroso del cálculo infinitesimal; bajo este aspecto, este cálculo no se presenta en suma más que como un método de aproximación indefinida, y nosotros no podemos decir con Leibnitz que, "sentado eso, no sólo se sigue que el error es indefinidamente pequeño, sino que es enteramente nulo"[1]; pero, ¿no habría otro medio más riguroso de llegar a esta conclusión? En todo caso, debemos admitir que el error introducido en el cálculo puede hacerse tan pequeño como se quiera, lo que ya es mucho; pero, ¿no se suprime completamente este carácter infinitesimal del error precisamente cuando se considera, no ya el curso mismo del cálculo, sino los resultados a los que permite llegar finalmente? Una diferencia infinitesimal, es decir, indefinidamente decreciente, no puede ser más que la diferencia de dos cantidades variables, ya que es evidente que la diferencia de dos cantidades fijas no puede ser en sí misma más que una cantidad fija; así pues, la consideración de una diferencia infinitesimal entre dos cantidades fijas no podría tener ningún sentido. Desde entonces, tenemos el derecho de decir que dos cantidades fijas "son rigurosamente iguales entre sí desde el momento en que su diferencia pretendida puede suponerse tan pequeña como se quiera"[2]; ahora bien, "el cálculo infinitesimal, como el cálculo ordinario, no tiene en cuenta realmente más que cantidades fijas y determinadas"[3]; en

---

[1] Fragmento fechado el 26 de marzo de 1676.

[2] Carnot, *Réflexions sur la Métapysique du Calcul infinitésimal*, p. 29.

[3] Ch. de Freycinet, *De l'Analyse infinitésimale*, Prefacio, p. VIII.

suma, no introduce las cantidades variables más que a título de auxiliares, con un carácter puramente transitorio, y estas variables deben desaparecer de los resultados, que no pueden expresar más que relaciones entre cantidades fijas. Así pues, para obtener estos resultados es menester pasar de la consideración de las cantidades variables a la de las cantidades fijas; y este paso tiene por efecto precisamente eliminar las cantidades infinitesimales, que son esencialmente variables, y que no pueden presentarse más que como diferencias entre cantidades variables.

Ahora es fácil comprender por cuál motivo Carnot, en la definición que hemos citado precedentemente, insiste sobre la propiedad que tienen las cantidades infinitesimales, tales como se emplean en el cálculo, de poder hacerse tan pequeñas como se quiera "sin que se esté obligado por eso a hacer variar las cantidades cuya relación se busca". Y es porque, en realidad, éstas últimas deben ser cantidades fijas; es cierto que, en el cálculo, se consideran como límites de cantidades variables, pero éstas no juegan más que el papel de simples auxiliares, del mismo modo que las cantidades infinitesimales que introducen con ellas. Para justificar el rigor del cálculo infinitesimal, el punto esencial es que, en los resultados, no deben figurar más que cantidades fijas; así pues, en definitiva, al término del cálculo, es menester pasar de las cantidades variables a las cantidades fijas, y eso es en efecto un "paso al límite", pero concebido de modo muy diferente a como lo hacía Leibnitz, puesto que no es una consecuencia o un "último término" de la variación misma; ahora bien, y eso es lo más importante, las cantidades infinitesimales, en este paso, se eliminan por sí mismas, y eso simplemente en razón de la sustitución de las cantidades variables por las cantidades fijas[4].

¿Es menester, no obstante, no ver en esta eliminación, como lo querría Carnot, más que el efecto de una simple "compensación

---

[4] Cf. Ch. de Freycinet, *ibid.*, p. 220: «Las ecuaciones llamadas "imperfectas" por Carnot son, hablando propiamente, ecuaciones de espera o de transición, que son rigurosas en tanto que no se las haga servir más que al cálculo de los límites, y que, al contrario, serían absolutamente inexactas, si los límites no debieran alcanzarse efectivamente. Basta haber presentado al espíritu el destino efectivo de los cálculos, para no sentir ninguna incertidumbre sobre el valor de las relaciones por las que se pasa. Es menester ver en cada una de ellas, no lo que parece expresar actualmente, sino lo que expresará más adelante, cuando se llegue a los límites>.

de errores"? No lo pensamos así, y parece que, en realidad, se puede ver en eso algo más, desde que se hace la distinción de las cantidades variables y de las cantidades fijas como constituyendo en cierto modo dos dominios separados, entre los cuales existe sin duda una correlación y una analogía, lo que, por lo demás, es necesario para que se pueda pasar efectivamente del uno al otro, de cualquier manera que se efectúe este paso, pero sin que sus relaciones reales puedan establecer nunca entre ellos una interpretación o incluso una continuidad cualquiera; por lo demás, entre estas dos especies de cantidades, eso implica una diferencia de orden esencialmente cualitativo, conforme a lo que hemos dicho más atrás al respecto de la noción del límite. Es esta distinción la que Leibnitz no ha hecho nunca claramente, y, aquí también, es sin duda su concepción de una continuidad universalmente aplicable la que se lo ha impedido; Leibnitz no podía ver que el "paso al límite" implica esencialmente una discontinuidad, puesto que, para él, no había discontinuidad en ninguna parte. Sin embargo, esta distinción es la única que nos permite formular la proposición siguiente: si la diferencia de dos cantidades variables puede hacerse tan pequeña como se quiera, las cantidades fijas que corresponden a estas variables, y que se consideran como sus límites respectivos, son rigurosamente iguales. Así, una diferencia infinitesimal no puede devenir nunca nula, pero no puede existir más que entre variables, y, entre las cantidades fijas correspondientes, la diferencia debe ser nula; de ahí, resulta inmediatamente que un error que puede hacerse tan pequeño como se quiera en el dominio de las cantidades variables, donde no puede tratarse efectivamente, en razón del carácter mismo de estas cantidades, de nada más que de una aproximación indefinida, corresponde necesariamente a un error rigurosamente nulo en el dominio de las cantidades fijas; es únicamente ahí, y no en otras consideraciones que, cualesquiera que sean, están siempre más o menos fuera o al lado de la cuestión, donde reside esencialmente la verdadera justificación del rigor del cálculo infinitesimal.

Capítulo XIX: LAS DIFERENCIACIONES SUCESIVAS

Lo que precede deja subsistir todavía una dificultad en lo que concierne a la consideración de los diferentes órdenes de cantidades infinitesimales: ¿cómo se pueden concebir cantidades que sean infinitesimales, no sólo con relación a las cantidades ordinarias, sino con relación a otras cantidades que son ellas mismas infinitesimales? Aquí también, Leibnitz ha recurrido a la noción de los "incomparables", pero esta noción es demasiado vaga para que podamos contentarnos con ella, y no explica suficientemente la posibilidad de las diferenciaciones sucesivas. Sin duda esta posibilidad puede comprenderse mejor por una comparación o un ejemplo sacado de la mecánica: "En cuanto a las $d\,d\,x$, son a las $d\,x$ como los conatos de la pesantez o las solicitaciones centrífugas son a la velocidad"[1]. Y Leibnitz desarrolla esta idea en su respuesta a las objeciones del matemático holandés Nieuwentijt, que, aunque admitía las diferenciales del primer orden, sostenía que las de los órdenes superiores no podían ser más que nulas: "La cantidad ordinaria, la cantidad infinitesimal primera o diferencial, y la cantidad diferencio-diferencial o infinitesimal segunda, son entre sí como el movimiento, la velocidad y la solicitación, que es un elemento de la velocidad[2]. El movimiento describe una línea, la velocidad un elemento de línea, y la solicitación un elemento de elemento"[3]. Pero eso no es más que un ejemplo o un caso particular, que no puede servir en suma más que de simple "ilustración" y no de argumento, y es necesario proporcionar una justificación de orden general, que este ejemplo, en un cierto sentido, contiene por lo demás implícitamente.

En efecto, las diferenciales del primer orden representan los incrementos, o mejor las variaciones, puesto que pueden ser también, según los casos, en el sentido decreciente tanto como en el sentido creciente, que reciben a cada instante las cantidades ordinarias: tal es la velocidad con relación al espacio recorrido en un

---

[1] Carta a Huygens, 1-11 de octubre de 1693.

[2] Esta "solicitación" es lo que se designa habitualmente por el nombre de "aceleración".

[3] «*Responsio ad nonnullas difficultates a Dn. Bernardo Nieuwentijt circa Methodum differentialem seu infinitesimalem motas*», en las *Acta Eruditorum* de Leipzig, 1695.

109

movimiento cualquiera. De la misma manera, las diferenciales de un orden determinado representan las variaciones instantáneas de las del orden precedente, tomadas a su vez como magnitudes que existen en un determinado intervalo: tal es la aceleración con relación a la velocidad. Así pues, es sobre la consideración de diferentes grados de variación, más bien que de magnitudes incomparables entre sí, donde reposa verdaderamente la distinción de los diferentes órdenes de cantidades infinitesimales.

Para precisar la manera en que debe entenderse esto, haremos simplemente la precisión siguiente: entre las variables mismas, se pueden establecer distinciones análogas a la que hemos establecido precedentemente entre las cantidades fijas y las variables; en estas condiciones, para retomar la definición de Carnot, se dirá que una cantidad es infinitesimal con relación a otras cuando se la pueda hacer tan pequeña como se quiera "sin que se esté obligado por eso a hacer variar esas otras cantidades". Es que, en efecto, una cantidad que no es absolutamente fija, o incluso que es esencialmente variable, lo que es el caso de las cantidades infinitesimales, de cualquier orden que sean, puede ser considerada no obstante como relativamente fija y determinada, es decir, como susceptible de jugar el papel de cantidad fija con relación a algunas otras variables. Es sólo en estas condiciones como una cantidad variable puede ser considerada como el límite de otra variable, lo que, según la definición misma del límite, supone que es considerada como fija, al menos en una determinada relación, es decir, relativamente a aquella de la cual es el límite; inversamente, una cantidad podrá ser variable, no solamente en sí misma o, lo que equivale a lo mismo, con relación a las cantidades absolutamente fijas, sino también con relación a otras variables, en tanto que estas últimas pueden ser consideradas como relativamente fijas.

En lugar de hablar a este respecto de grados de variación como acabamos de hacerlo, se podría hablar también de grados de indeterminación, lo que, en el fondo, sería exactamente la misma cosa, considerada solamente desde un punto de vista un poco diferente: una cantidad, aunque indeterminada por su naturaleza, puede no obstante estar determinada, en un sentido relativo, por la introducción de algunas hipótesis, que dejan subsistir al mismo tiempo la indeterminación de otras cantidades; así pues, si puede decirse, estas últimas serán más indeterminadas que las otras, o indeterminadas a un grado superior, y así podrán tener con ellas una relación comparable a la que tienen las cantidades indeterminadas con las cantidades verdaderamente determinadas. Nos limitaremos a estas pocas indicaciones sobre este tema, ya que, por sumarias que sean, pensamos que son al menos suficientes para hacer comprender la posibilidad de la existencia de las diferenciales de diversos órdenes sucesivos; pero, en conexión con esta misma cuestión, todavía nos queda mostrar más explícitamente que no hay realmente ninguna dificultad lógica en considerar grados múltiples de *indefinidad*, tanto en el orden de las cantidades decrecientes, que es aquel al que pertenecen los infinitesimales o los diferenciales, como en el de las cantidades crecientes, donde se pueden considerar igualmente integrales de diferentes órdenes, simétricas en cierto modo de las diferenciales sucesivas, lo que, por lo demás, es conforme a la correlación que existe, así como lo hemos explicado, entre lo indefinidamente creciente y lo indefinidamente decreciente. Bien entendido, es de grados de *indefinidad* de lo que se trata en eso, y no de "grados de infinitud" tales como los entendía Jean Bernoulli, cuya concepción a este respecto Leibnitz no se atrevía ni a admitirla ni a rechazarla; y este caso es también de aquellos que se encuentran resueltos inmediatamente por la sustitución de la noción del pretendido infinito por la noción de lo indefinido.

Capítulo XX: DIFERENTES ÓRDENES DE *INDEFINIDAD*

Las dificultades lógicas e incluso las contradicciones con las que chocan los matemáticos, cuando consideran cantidades "infinitamente grandes" o "infinitamente pequeñas" diferentes entre sí y pertenecientes incluso a órdenes diferentes, vienen únicamente de que consideran como infinito lo que es simplemente indefinido; es cierto que, en general, parecen preocuparse bastante poco de estas dificultades, que no por ello dejan de existir ni son menos graves, y que muestran su ciencia plagada de un montón de ilogismos, o, si se prefiere, de "paralogismos", que le hacen perder todo valor y todo alcance serio a los ojos de aquellos que no se dejan ilusionar por las palabras. He aquí algunos ejemplos de las contradicciones que introducen así los que admiten la existencia de magnitudes infinitas, cuando se trata de aplicar esta noción a las magnitudes geométricas: si se considera una línea, una recta por ejemplo, como infinita, este infinito debe ser más pequeño, e incluso infinitamente menor, que el que es constituido por una superficie, tal como un plano, en el que esta línea está contenida con una infinitud de otras, y este segundo infinito, a su vez, será infinitamente más pequeño que el de la extensión de tres dimensiones. La posibilidad misma de la coexistencia de todos estos pretendidos infinitos, de los cuales algunos lo son al mismo grado y los otros a grados diferentes, debería bastar para probar que ninguno de ellos puede ser verdaderamente infinito, incluso a falta de toda consideración de un orden más propiamente metafísico; en efecto, repitámoslo todavía, ya que en eso se trata de verdades sobre las cuales nunca se podría insistir demasiado, es evidente que, si se prefiere una pluralidad de infinitos distintos, cada uno de ellos se encuentra limitado por los otros, lo que equivale a decir que se excluyen los unos a los otros. A decir verdad, los "infinitistas", en quienes esta acumulación puramente verbal de una "infinitud de infinitos" parece producir como una suerte de "intoxicación mental", si es permisible expresarse así, no retroceden en modo alguno ante semejantes contradicciones, puesto que, como ya lo hemos dicho, no sienten ninguna dificultad en admitir que hay diferentes números infinitos, y que, por consecuencia, un infinito puede ser más grande o más pequeño que otro infinito; pero la absurdidad de tales enunciados es muy evidente, y el hecho de que son de un uso bastante corriente en las matemáticas actuales no cambia en nada el asunto, sino que muestra solamente hasta qué punto se ha perdido el sentido de la lógica más elemental en nuestra época. Otra contradicción todavía, no menos manifiesta que las precedentes, es la que se presenta en el caso de una superficie cerrada, y por consiguiente, evidente y visiblemente finita, y que debería contener no obstante una infinitud de líneas, como, por ejemplo, una esfera que contiene una infinitud de círculos; se tendría aquí un continente finito, cuyo contenido sería infinito, lo que tiene lugar igualmente, por lo demás, cuando se sostiene, como lo hace Leibnitz, la infinitud efectiva de los elementos de un conjunto continuo.

Por el contrario, no hay ninguna contradicción en admitir la coexistencia de *indefinidades* múltiples y de diferentes órdenes: es así como la línea, indefinida según una sola dimensión, puede ser considerada a este respecto como constituyendo una *indefinidad* simple o del primer orden; la superficie, indefinida según dos dimensiones, y que comprende una *indefinidad* de líneas indefinidas, será entonces una *indefinidad* del segundo orden, y la extensión de tres dimensiones, que puede comprender una *indefinidad* de superficies indefinidas, será del mismo modo una *indefinidad* del tercer orden. Aquí es esencial destacar también que decimos que la superficie comprende una *indefinidad* de líneas, pero no que esté constituida por una *indefinidad* de líneas, del mismo modo que la línea no está compuesta de puntos, sino que comprende una multitud indefinida de ellos; y ocurre lo mismo también con el volumen con relación a las superficies, puesto que la extensión de las tres dimensiones misma no es otra cosa que un volumen indefinido. Por lo demás, en el fondo, eso es lo que hemos dicho más atrás al respecto de los "indivisibles" y de la composición del continuo; las cuestiones de este género, en razón de su complejidad misma, son de aquellas que hacen sentir mejor la necesidad de un lenguaje riguroso. Agregamos también a este propósito que, si desde un determinado punto de vista, se puede considerar legítimamente la línea como engendrada por un punto, la superficie por una línea y el volumen por una superficie, eso supone esencialmente que ese punto, esa línea o esa superficie se desplazan por un movimiento continuo, que comprende una *indefinidad* de posiciones sucesivas; y eso es muy distinto que considerar esas posiciones tomadas aisladamente las unas de las

otras, es decir, los puntos, las líneas y las superficies consideradas como fijos y determinados, como constituyendo respectivamente partes o elementos de la línea, de la superficie y del volumen. Del mismo modo, cuando se considera, en sentido inverso,
una superficie como la intersección de dos volúmenes, una línea
como la intersección de dos superficies y un punto como la intersección de dos líneas, entiéndase que estas intersecciones no
deben concebirse de ninguna manera como partes comunes a
esos volúmenes, a esas superficies o a esas líneas; son sólo,
como lo decía Leibnitz, límites o extremidades.

Según lo que hemos dicho hace un momento, cada dimensión introduce en cierto modo un nuevo grado de indeterminación
en la extensión, es decir, en el continuo espacial considerado como
susceptible de crecer indefinidamente en extensión, y se obtiene
así lo que se podrían llamar potencias sucesivas de lo indefinido[1];
y se puede decir también que una *indefinidad* de un determinado
orden o de una determinada potencia contiene una multitud de
indefinidos de un orden inferior o de una potencia menor. Mientras
en todo esto no se trate más que de indefinido, todas estas consideraciones y las del mismo género permanecen pues perfectamente aceptables, ya que no hay ninguna incompatibilidad lógica
entre *indefinidades* múltiples y distintas, que, aunque son indefinidas, por eso no son menos de naturaleza esencialmente finita, y
por consiguiente perfectamente susceptibles de coexistir, como
otras tantas posibilidades particulares y determinadas, en el interior
de la Posibilidad total, que es la única que infinita por ser idéntica
al Todo universal[2]. Estas mismas consideraciones no toman una
forma imposible y absurda más que por la confusión de lo indefinido con el infinito; así, aquí tenemos también uno de esos casos
donde, como ocurría cuando se trataba de la «multitud infinita», la
contradicción inherente a un pretendido infinito determinado ocul-
ta, deformándola hasta hacerla casi irreconocible, otra idea que en
sí misma no tiene nada de contradictorio.

Acabamos de hablar de diferentes grados de indeterminación de las cantidades en el sentido creciente; es por esta misma
noción, considerada en el sentido decreciente, por la que hemos
justificado más atrás la consideración de los diversos órdenes de

---

[1] Cf. *Le Symbolisme de la Croix*, cap. XII.

[2] Cf. *Les Etats Multilples de l 'Être*, cap. I.

cantidades infinitesimales, cuya posibilidad se comprende así, más fácilmente todavía, al observar la correlación que hemos señalado entre lo indefinidamente creciente y lo indefinidamente decreciente. Entre las cantidades indefinidas de diferentes órdenes, las de un orden diferente del primero son siempre indefinidas tanto con relación a las de los órdenes precedentes como con relación a las cantidades ordinarias; es completamente legítimo también considerar del mismo modo, en sentido inverso, cantidades infinitesimales de diferentes órdenes, donde las de cada orden son infinitesimales, no sólo con relación a las cantidades ordinarias, sino también con relación a las cantidades infinitesimales de los órdenes precedentes[3]. No hay heterogeneidad absoluta entre las cantidades indefinidas y las cantidades ordinarias, y no la hay tampoco entre éstas y las cantidades infinitesimales; en eso no hay en suma más que diferencias de grado, no diferencias de naturaleza, puesto que, en realidad, la consideración de lo indefinido, de cualquier orden que sea o a cualquier potencia que sea, no nos hace salir nunca de lo finito; es también la falsa concepción del infinito la que introduce en apariencia, entre estos diferentes órdenes de cantidades, una heterogeneidad radical que, en el fondo, es completamente comprehensible. Al suprimir esta heterogeneidad, se establece aquí una suerte de continuidad, pero muy diferente de la que consideraba Leibnitz entre las variables y sus límites, y mucho mejor fundada en la realidad, ya que la distinción de las cantidades variables y de las cantidades fijas implica al contrario esencialmente una verdadera diferencia de naturaleza.

En estas condiciones, las cantidades ordinarias mismas,

---

[3] Reservamos, como se hace por lo demás muy habitualmente, la denominación de infinitesimales a las cantidades indefinidamente decrecientes, con la exclusión de las cantidades indefinidamente crecientes, que, para abreviar, podemos llamar simplemente indefinidas; es bastante singular que Carnot haya reunido las unas y las otras bajo el mismo nombre de infinitesimales, lo que es contrario, no solamente al uso, sino al sentido mismo que este término saca de su formación. Aunque conservamos la palabra "infinitesimal" después de haber definido su significación como lo hemos hecho, no podemos dispensarnos de hacer destacar que este término tiene el grave defecto de derivar visiblemente de la palabra "infinito", lo que le hace muy poco adecuado a la idea que expresa realmente; para poder emplearle así sin inconveniente, es menester en cierto modo olvidar su origen, o al menos no atribuirle más que un carácter únicamente "histórico", como proviniendo de hecho de la concepción que Leibnitz se hacía de sus "ficciones bien fundadas".

al menos cuando se trata de variables, pueden ser consideradas en cierto modo como infinitesimales con relación a cantidades indefinidamente crecientes, ya que, si una cantidad puede hacerse tan grande como se quiera con relación a otra, ésta deviene inversamente, por eso mismo, tan pequeña como se quiera con relación a la primera. Introducimos esta restricción de que debe tratarse aquí de variables, porque una cantidad infinitesimal debe siempre ser concebida como esencialmente variable, y porque eso es algo verdaderamente inherente a su naturaleza misma; por lo demás, cantidades que pertenecen a dos órdenes diferentes de *indefinidad* son forzosamente variables la una con relación a la otra, y esta propiedad de variabilidad relativa y recíproca es perfectamente simétrica, ya que, según lo que acabamos de decir, eso equivale a considerar una cantidad como creciendo indefinidamente con relación a otra, o a ésta como decreciendo indefinidamente con relación a la primera; sin esta variabilidad relativa, no habría ni crecimiento ni decrecimiento indefinido, sino más bien relaciones definidas y determinadas entre las dos cantidades.

Es de la misma manera como, cuando hay un cambio de situación entre dos cuerpos A y B, al menos en tanto que no se considere en eso nada más que ese cambio en sí mismo, eso equivale a decir que el cuerpo A está en movimiento con relación al cuerpo B, o, inversamente, que el cuerpo B está en movimiento con relación al cuerpo A; la noción del movimiento relativo no es menos simétrica, a este respecto, que la de la variabilidad relativa que hemos considerado aquí. Por eso, según Leibnitz, que mostraba así la insuficiencia del mecanicismo cartesiano como teoría física que pretende proporcionar una explicación de los fenómenos naturales, no se puede establecer ninguna distinción entre un estado de movimiento y un estado de reposo si uno se limita únicamente a la consideración de los cambios de situación; para eso es menester hacer intervenir algo de otro orden, a saber, la noción de la fuerza, que es la causa próxima de esos cambios, y la única que al ser atribuida a un cuerpo más bien que a otro, permite encontrar en ese cuerpo y sólo en él la verdadera razón del cambio[4].

---

[4] Ver Leibnitz, *Discours de Métaphysique*, cap. XVIII; cf. *Le Règne de la Quantité et les Signes des Temps*, cap. XIV.

Capítulo XXI: LO INDEFINIDO ES INAGOTABLE ANALÍTICAMENTE

En los dos casos que acabamos de considerar, el de lo indefinidamente creciente y el de lo indefinidamente decreciente, una cantidad de un determinado orden puede ser considerada como la suma de una *indefinidad* de elementos, de los que cada uno es una cantidad infinitesimal con relación a esta suma. Por lo demás, para que se pueda hablar de cantidades infinitesimales, es necesario que se trate de elementos no determinados con relación a su suma, y ello es así desde que esta suma es indefinida con relación a los elementos de que se trata; eso resulta inmediatamente del carácter esencial de lo indefinido mismo, en tanto que éste implica forzosamente, como lo hemos dicho, la idea de un devenir, y por consiguiente de cierta indeterminación. Por lo demás, entiéndase bien que esta indeterminación puede no ser más que relativa y no existir más que bajo cierto punto de vista o en relación con una determinada cosa: tal es por ejemplo el caso de una suma que, siendo una cantidad ordinaria, no es indefinida en sí misma, sino sólo con relación a sus elementos infinitesimales; pero en todo caso, si fuera de otro modo y si no se hiciera intervenir esta noción de indeterminación, seríamos conducidos simplemente a la concepción de los incomparables, interpretada en el sentido grosero del grano de arena con respecto a la tierra, y de la tierra con respecto al firmamento.

La suma de la que hablamos aquí no puede ser efectuada en modo alguno a la manera de una suma aritmética, porque para eso sería menester que una serie indefinida de adiciones sucesivas pudiera ser acabada, lo que es contradictorio; en el caso donde la suma es una cantidad ordinaria y determinada como tal, es menester evidentemente, como ya lo hemos dicho al formular la definición del cálculo integral, que el número o más bien la multitud de los elementos crezca indefinidamente al mismo tiempo que la magnitud de cada uno de ellos decrece indefinidamente, y, en este sentido, la *indefinidad* de estos elementos es verdaderamente inagotable. Pero, si esta suma no puede ser efectuada de esta manera, como resultado final de una multitud de operaciones distintas y sucesivas, puede serlo por el contrario de un solo golpe y por una operación única, que es la integración[1]; ésa es la operación inversa de la diferenciación, puesto que reconstituye la suma a partir de sus elementos infinitesimales, mientras que la diferenciación va al contrario de la suma hasta los elementos, proporcionando el medio de formular la ley de las variaciones instantáneas de una cantidad cuya expresión está dada.

Así, desde que se trata de indefinido, la noción de suma aritmética ya no es aplicable, y es menester recurrir a la de integración para suplir a esta imposibilidad de "numerar" los elementos infinitesimales, imposibilidad que, bien entendido, resulta de su naturaleza misma y no de una imperfección cualquiera por nuestra parte. Podemos destacar de pasada que, en lo que concierne a la aplicación a las magnitudes geométricas, que es por lo demás, en el fondo, la verdadera razón de ser de todo el cálculo infinitesimal, hay un método de medida que es completamente diferente del método habitual fundado sobre la división de una magnitud en porciones definidas, método del que ya hemos hablado precedentemente a propósito de las "unidades de medida". En suma, éste último equivale siempre a sustituir en cierto modo lo continuo por lo discontinuo, por ese "troceado" en porciones iguales de la magnitud de la misma especie tomada como unidad[2], a fin de poder aplicar directamente el número a la medida de las magnitudes continuas, lo que no puede hacerse efectivamente más que alterando así su naturaleza para hacerla asimilable, por así decir, a la del número. Al contrario, el otro método respeta, tanto como es posible, el carácter propio de lo continuo, considerándolo como una suma de elementos, no ya fijos y determinados, sino esencialmente variables y capaces de decrecer, en su variación, por debajo de toda magnitud asignable, y que permiten por eso mismo hacer variar la cantidad espacial entre límites tan próximos como se quie-

---

[1] Los términos "integral" e "integración", cuyo uso ha prevalecido, no son de Leibnitz, sino de Jean Bernoulli; Leibnitz no se servía en este sentido más que de las palabras "suma" y "sumación", que tienen el inconveniente de parecer indicar una asimilación entre la operación de que se trata y la formación de una suma aritmética; por lo demás, decimos solamente parecer, ya que es muy cierto que la diferencia esencial de estas dos operaciones no ha podido escapar realmente a Leibnitz.

[2] O por una fracción de esta magnitud, pero poco importa, ya que esta fracción constituye entonces una unidad secundaria más pequeña, que sustituye a la primera en el caso donde la división por ésta no se hace exactamente, para obtener un resultado exacto o al menos más aproximado.

120

ra, lo que es, teniendo en cuenta la naturaleza del número que a pesar de todo no puede ser cambiada, la representación menos imperfecta que se pueda dar de una variación continua.

Estas observaciones permiten comprender de una manera más precisa en qué sentido puede decirse, como lo hemos hecho al comienzo, que los límites de lo indefinido no pueden ser alcanzados nunca por un procedimiento analítico, o, en otros términos, que lo indefinido es, no inagotable absolutamente y de cualquier manera que sea, pero sí al menos inagotable analíticamente. Naturalmente, debemos considerar como analítico, a este respecto, el procedimiento que consistiría, para reconstruir un todo, en tomar sus elementos distinta y sucesivamente: tal es el procedimiento de formación de una suma aritmética, y es en eso, precisamente, en lo que la integración difiere esencialmente de ella. Esto es particularmente interesante desde nuestro punto de vista, ya que en eso se ve, por un ejemplo muy claro, lo que son las verdaderas relaciones del análisis y de la síntesis: contrariamente a la opinión corriente, según la cual el análisis sería en cierto modo preparatorio a la síntesis y conduciría a ésta, de suerte que sería siempre menester comenzar por el análisis, incluso cuando uno no pretende quedarse ahí, la verdad es que no se puede llegar nunca efectivamente a la síntesis partiendo del análisis; toda síntesis, en el verdadero sentido de esta palabra, es por así decir algo inmediato, que no es precedido de ningún análisis y que es enteramente independiente de él, como la integración es una operación que se efectúa de un solo golpe y que no presupone en modo alguno la consideración de elementos comparables a los de una suma aritmética; y, como esta suma aritmética no puede dar el medio de alcanzar y de agotar lo indefinido, hay, en todos los dominios, cosas que resisten por su naturaleza misma a todo análisis y cuyo conocimiento no es posible más que por la síntesis únicamente[3].

---

[3] Aquí y en lo que va a seguir, debe entenderse bien que tomamos los términos "análisis" y "síntesis" en su acepción verdadera y original, que es menester tener buen cuidado de distinguir de aquella, completamente diferente y bastante impropia, en la que se habla corrientemente del «análisis matemático», y según la cual la integración misma, a pesar de su carácter esencialmente sintético, es considerada como formando parte de lo que se llama el "análisis infinitesimal"; por lo demás, es por esta razón por lo que preferimos evitar el empleo de esta última expresión, y servirnos solamente de las de "cálculo infinitesimal" y de "método infinitesimal", que al menos no podrían prestarse a ningún equívoco de este género.

Capítulo XXII: CARÁCTER SINTÉTICO DE LA INTEGRACIÓN

Al contrario de la formación de una suma aritmética, que tiene, como acabamos de decirlo, un carácter propiamente analítico, la integración debe ser considerada como una operación esencialmente sintética, puesto que envuelve simultáneamente todos los elementos de la suma que se trata de calcular, conservando entre ellos la «indistinción» que conviene a las partes del continuo, desde que estas partes, a consecuencia de la naturaleza misma del continuo, no pueden ser algo fijo y determinado. Por lo demás, la misma «indistinción» debe mantenerse igualmente, aunque por una razón algo diferente, al respecto de los elementos discontinuos que forman una serie indefinida cuando se quiere calcular su suma, ya que, si la magnitud de cada uno de estos elementos se concibe entonces como determinada, su número no lo está, e incluso podemos decir más exactamente que su multitud rebasa todo número; y no obstante hay casos donde la suma de los elementos de tal serie tiende hacia un determinado límite definido cuando su multitud crece indefinidamente. Aunque esta manera de hablar parezca quizás un poco extraña a primera vista, se podría decir que tal serie discontinua es indefinida por "extrapolación", mientras que un conjunto continuo lo es por "interpolación"; lo que acabamos de decir con esto, es que, si se toma en una serie discontinua una porción comprendida entre dos términos cualesquiera, en eso no hay nada de indefinido, puesto que esta porción está determinada a la vez en su conjunto y en sus elementos, mientras que es al extenderse más allá de esta porción sin llegar nunca a un último término como esta serie es indefinida; al contrario, en un conjunto continuo, determinado como tal, es en el interior mismo de este conjunto donde lo indefinido se encuentra comprendido, porque los elementos no están determinados y porque, al ser el continuo siempre divisible, no hay últimos elementos; así, en esta relación, estos dos casos son en cierto modo inversos el uno del otro. La sumación de una serie numérica indefinida no se acabaría nunca si todos los términos debieran ser tomados uno a uno, puesto que no hay ningún último término en el que pueda terminar; así pues, en los casos donde tal sumación es posible, no puede serlo más que por un procedimiento sintético, que, en cierto modo, nos hace aprehender de un solo golpe toda una *indefinidad* considerada en su conjunto, sin que eso presuponga en modo alguno la consideración distinta de sus elementos, que, por lo demás, es imposible por eso mismo de que son en multitud indefinida. Del mismo modo también, cuando una serie indefinida se nos da implícitamente por su ley de formación, como hemos visto un ejemplo de ello en el caso de la sucesión de los números enteros, podemos decir que se nos da así toda entera sintéticamente, y que no puede serlo de otro modo; en efecto, dar una tal serie analíticamente, sería dar distintamente todos sus términos, lo que es una imposibilidad.

Por consiguiente, cuando tengamos que considerar una *indefinidad* cualquiera, ya sea la de un conjunto continuo o la de una serie discontinua, será menester, en todos los casos, recurrir a una operación sintética para poder alcanzar sus límites; una progresión por grados sería aquí sin efecto y no podría hacernos llegar a ellos nunca, ya que una progresión así no puede desembocar en un término final más que bajo la doble condición de que este término y el número de los grados a recorrer para alcanzarlo sean uno y otro determinados. Por eso no hemos dicho que los límites de lo indefinido no podían ser alcanzados de ninguna manera, imposibilidad que sería injustificable desde que esos límites existen, sino solamente que no pueden ser alcanzados analíticamente: una *indefinidad* no puede ser agotada por grados, pero puede ser comprendida en su conjunto por una de esas operaciones transcendentes de las que la integración nos proporciona el tipo en el orden matemático. Se puede destacar que la progresión por grados correspondería aquí a la variación misma de la cantidad, directamente en el caso de las series discontinuas, y, en lo que concierne al caso de una variación continua, siguiéndola por así decir en la medida en que lo permite la naturaleza discontinua del número; por el contrario, por una operación sintética, uno se coloca inmediatamente fuera y más allá de la variación, así como debe ser necesariamente, según lo que hemos dicho antes, para que el "paso al límite" pueda ser realizado efectivamente; en otros términos, el análisis no alcanza más que a las variables, tomadas en el curso mismo de su variación, y únicamente la síntesis alcanza sus límites, lo que es aquí el único resultado definitivo y realmente válido, puesto que es menester forzosamente, para que se pueda hablar de un resultado, desembocar en algo que se refiera exclusivamente a cantidades fijas y determinadas.

Por lo demás, entiéndase bien que se podría encontrar el análogo de estas operaciones sintéticas en otros dominios distintos que el de la cantidad, ya que está claro que la idea de un desarrollo indefinido de posibilidades es aplicable también a cualquier otra cosa además de la cantidad, por ejemplo a un estado cualquiera de existencia manifestada y a las condiciones, cualesquiera que sean, a las que ese estado está sometido, ya se considere en eso el conjunto cósmico en general o un ser particular, es decir, ya sea que uno se coloque en el punto de vista "macrocósmico" o en el punto de vista "microcósmico"[1]. Se podría decir que el "paso al límite" corresponde a la fijación definitiva de los resultados de la manifestación en el orden *principial*; en efecto, es sólo por eso como el ser escapa finalmente al cambio o al "devenir", que es necesariamente inherente a toda manifestación como tal; y se ve así que esta fijación no es de ninguna manera un "último término" del desarrollo de la manifestación, sino que se sitúa esencialmente fuera y más allá de este desarrollo, porque pertenece a otro orden de realidad, trascendente con relación a la manifestación y al "devenir"; así pues, la distinción del orden manifestado y del orden *principial* corresponde analógicamente, a este respecto, a la que hemos establecido entre el dominio de las cantidades variables y el de las cantidades fijas.

Además, desde que se trata de cantidades fijas, es evidente que no podría ser introducida ninguna modificación en ellas por ninguna operación cualquiera que sea, y que, por consiguiente, el "paso al límite" no tiene como efecto producir alguna cosa en este dominio, sino solamente darnos su conocimiento; del mismo modo, puesto que el orden *principial* es inmutable, no se trata, para llegar a él, de "efectuar" algo que no existiría todavía, sino más bien de tomar efectivamente consciencia de lo que es, de una manera permanente y absoluta. Dado el tema de este estudio, hemos debido, naturalmente, considerar aquí más particularmente y ante todo lo que se refiere propiamente al dominio cuantitativo, en el que la idea del desarrollo de las posibilidades se traduce, como lo hemos visto, por una noción de variación, ya sea en el sentido de lo indefinidamente creciente, ya sea en el de lo inde-

---

[1] Sobre esta aplicación analógica de la noción de la integración, cf. *Le Symbolisme de la Croix*, cap. XVIII y XX.

finidamente decreciente; pero estas pocas indicaciones mostrarán que todas estas cosas son susceptibles de recibir, por una transposición analógica apropiada, un alcance incomparablemente más grande que el que parecen tener en sí mismas, puesto que, en virtud de una tal transposición, la integración y las demás operaciones del mismo género aparecen verdaderamente como un símbolo de la "realización" metafísica misma.

Con esto se ve toda la amplitud de la diferencia que existe entre la ciencia tradicional, que permite tales consideraciones, y la ciencia profana de los modernos; y, a este propósito, agregamos también otra precisión, que se refiere directamente a la distinción del conocimiento analítico y del conocimiento sintético: en efecto, la ciencia profana es esencial y exclusivamente analítica: no considera nunca los principios, y se pierde en el detalle de los fenómenos, cuya multiplicidad indefinida e indefinidamente cambiante es verdaderamente inagotable para ella, de suerte que no puede llegar nunca, en tanto que conocimiento, a ningún resultado real y definitivo; se queda únicamente en los fenómenos mismos, es decir, en las apariencias exteriores, y es incapaz de alcanzar el fondo de las cosas, así como Leibnitz se lo reprochaba ya al mecanicismo cartesiano. Por lo demás, esa es una de las razones por las que se explica el "agnosticismo" moderno, ya que, puesto que hay cosas que no pueden conocerse más que sintéticamente, quienquiera que no procede más que por el análisis es llevado, por eso mismo, a declararlas "incognoscibles", porque lo son en efecto de esa manera, del mismo modo que el que se queda en una visión analítica de lo indefinido puede creer que ese indefinido es absolutamente inagotable, mientras que, en realidad, no lo es más que analíticamente. Es cierto que el conocimiento sintético es esencialmente lo que se puede llamar un conocimiento "global", como lo es el de un conjunto continuo o el de una serie indefinida cuyos elementos no se dan y no pueden darse distintamente; pero, además de que eso es todo lo que importa verdaderamente en el fondo, siempre se puede, puesto que todo está contenido ahí en principio, redescender desde ahí a la consideración de tales cosas particulares como se quiera, del mismo modo que, si por ejemplo una serie indefinida está dada sintéticamente por el conocimiento de su ley de formación, siempre se puede, cuando hay lugar a ello, calcular en particular cualquiera de sus términos, mientras que, partiendo al contrario de esas mismas cosas particulares consideradas en sí mismas y en su detalle indefinido, uno no puede elevarse nunca a los principios; y es en eso en lo que, así como lo decíamos al comienzo, el punto de vista y la marcha de la ciencia tradicional son en cierto modo inversos de los de la ciencia profana, como la síntesis misma es inversa del análisis. Por lo demás, eso es una aplicación de la verdad evidente de que, si se puede sacar lo "menos" de lo "más", por el contrario, no se puede hacer salir nunca lo "más" de lo "menos"; sin embargo, esto es lo que pretende hacer la ciencia moderna, con sus concepciones mecanicistas y materialistas y su punto de vista exclusivamente cuantitativo; pero, es precisamente porque ello es una imposibilidad, por lo que, en realidad, es incapaz de dar la verdadera explicación de nada[2].

---

[2] Sobre este último punto, se podrán consultar también las consideraciones que hemos expuesto en *Le Règne de la Quantité et les Signes des Temps*.

Capítulo XXIII: LOS ARGUMENTOS DE ZENÓN DE ELEA

Las consideraciones que preceden contienen implícitamente la solución de todas las dificultades del género de las que Zenón de Elea, por sus argumentos célebres, oponía a la posibilidad del movimiento, al menos en apariencia y a juzgar sólo por la forma bajo la que esos argumentos son presentados habitualmente, ya que se puede dudar que tal haya sido en el fondo su verdadera significación. En efecto, es poco verosímil que Zenón haya tenido realmente la intención de negar el movimiento; lo que parece más probable, es que sólo haya querido probar la incompatibilidad de éste con la suposición, admitida concretamente por los atomistas, de una multiplicidad real e irreducible existente en la naturaleza de las cosas. Así pues, es contra esa multiplicidad misma, así concebida, contra la que esos argumentos, en el origen, debían estar dirigidos en realidad; no decimos contra toda multiplicidad, ya que es evidente que la multiplicidad existe también en su orden, del mismo modo que el movimiento, que por lo demás, como todo cambio de cualquier género que sea, la supone necesariamente; pero, del mismo modo que el movimiento, en razón de su carácter de modificación transitoria y momentánea, no podría bastarse a sí mismo y no sería más que una pura ilusión si no se vinculara a un principio superior, trascendente con relación a él, tal como el "motor inmóvil" de Aristóteles, así también la multiplicidad sería verdaderamente inexistente si estuviera reducida a sí misma y si no procediera de la unidad, así como tenemos una imagen matemática de ello, según lo hemos visto, en la formación de la serie de los números. Además, la suposición de una multiplicidad irreducible excluye forzosamente todo lazo real entre los elementos de las cosas, y por consiguiente toda continuidad, ya que la continuidad no es más que un caso particular o una forma especial de tal lazo; precisamente, como lo hemos ya dicho precedentemente, el atomismo implica necesariamente la discontinuidad de todas las cosas; es con esta discontinuidad con la que, en definitiva, el movimiento es realmente incompatible, y vamos a ver que es eso lo que muestran en efecto los argumentos de Zenón.

Se hace, por ejemplo, un razonamiento como éste: un móvil no podrá pasar nunca de una posición a otra, porque, entre esas dos posiciones, por próximas que estén, habrá siempre, se dice, una infinitud de otras posiciones que deberán ser recorridas sucesivamente en el curso del movimiento, y, cualquiera que sea el tiempo empleado para recorrerlas, esta infinitud no podrá ser agotada nunca. Ciertamente, aquí no podría tratarse de una infinitud como se dice, lo que realmente no tiene ningún sentido; pero por eso no es menos cierto que hay lugar a considerar, en todo intervalo, una *indefinidad* verdadera de posiciones del móvil, *indefinidad* que, en efecto, no puede ser agotada de esa manera analítica que consiste en ocuparlas distintamente una a una, como se tomarían uno a uno los términos de una serie discontinua. Únicamente, es esta concepción misma del movimiento la que es errónea, ya que equivale en suma a considerar el continuo como compuesto de puntos, o de últimos elementos indivisibles, lo mismo que en la concepción de los cuerpos como compuestos de átomos; y eso equivale a decir que en realidad no hay continuo, ya que, ya se trate de puntos o de átomos, estos últimos elementos no pueden ser más que discontinuos; por lo demás, es cierto que, sin continuidad, no habría movimiento posible, y eso es todo lo que este argumento prueba efectivamente.

Ocurre lo mismo con el argumento de la flecha que vuela y que no obstante está inmóvil, porque, a cada instante, no se la ve más que en una sola posición, lo que equivale a suponer que cada posición, en sí misma, puede ser considerada como fija y determinada, y porque así las posiciones sucesivas forman una suerte de serie discontinua. Por lo demás, es menester destacar que no es verdad, de hecho, que un móvil se vea nunca así como ocupando una posición fija, y que incluso, antes al contrario, cuando el movimiento es bastante rápido, se llega a no ver ya distintamente el móvil mismo, sino solamente una suerte de rastro de su desplazamiento continuo: así, por ejemplo, si se hace girar rápidamente un tizón encendido, ya no se ve la forma de ese tizón, sino sólo un círculo de fuego; por lo demás, ya se explique este hecho por la persistencia de las impresiones retinianas, como lo hacen los fisiólogos, o de cualquier otra manera que se quiera, eso importa poco, ya que por ello no es menos manifiesto que, en semejantes caso, se aprehende en cierto modo directamente y de una manera sensible la continuidad misma del movimiento. Además, cuando, al formular tal argumento, se dice "a cada instante", con eso se supone que el tiempo está formado de una serie de instantes indivisibles, a cada uno de los cuales correspondería una posición determinada del móvil; pero, en realidad, el continuo temporal no está más compuesto de instantes que el continuo espacial de puntos, y, como ya lo hemos indicado, es menester la reunión o más bien la combinación de estas dos continuidades del tiempo y del espacio para dar cuenta de la posibilidad del movimiento.

Se dirá también que, para recorrer una determinada distancia, es menester recorrer primero la mitad de esta distancia, después la mitad de la otra mitad, después la mitad de lo que queda y así sucesiva e indefinidamente[1], de suerte que uno se encontrará siempre en presencia de una *indefinidad* que, considerada así, será en efecto inagotable. Otro argumento casi equivalente es éste: si se suponen dos móviles separados por una determinada distancia, uno de ellos, aunque vaya más rápido que el otro, no podrá alcanzarle nunca, ya que, cuando llegue al punto donde éste se encontraba, el otro estará en una segunda posición, separada de la primera por una distancia menor que la distancia inicial; cuando llegue a esta segunda posición, el otro estará en una tercera, separada de la segunda por una distancia todavía menor, y así sucesiva e indefinidamente, de suerte que la distancia entre estos dos móviles, aunque decrezca siempre, no devendrá nunca nula. El defecto esencial de estos argumentos, así como el del precedente, consiste en que suponen que, para alcanzar un determinado término, todos los grados intermediarios deben ser recorridos distinta y sucesivamente. Ahora bien, una de dos: o el movimiento considerado es verdaderamente continuo, y entonces no puede ser descompuesto de esta manera, puesto que lo continuo no tiene últimos elementos; o se compone de una sucesión discontinua, o que al menos puede ser considerada como tal, de intervalos de los que cada uno tiene una magnitud determinada, como los pasos de un hombre en marcha[2], y entonces la consideración de estos intervalos suprime evidentemente la

---

[1] Esto corresponde a los términos sucesivos de la serie indefinida , dada como ejemplo por Leibnitz en un pasaje que hemos citado más atrás.

[2] En realidad, los movimientos de los que se compone la marcha son continuos como todo movimiento, pero los puntos donde el hombre toca el suelo forman una sucesión discontinua, de suerte que cada paso marca un intervalo determinado, y es así como la distancia recorrida puede ser descompuesta en tales intervalos, puesto que el suelo no es tocado en ningún punto intermediario.

de todas las posiciones intermediarias posibles, que no tienen que ser recorridas efectivamente como otras tantas etapas distintas. Además, en el primer caso, que es propiamente el de una variación continua, el término de esta variación, supuesto fijo por definición, no puede ser alcanzado en la variación misma, y el hecho de alcanzarlo efectivamente exige la introducción de una heterogeneidad cualitativa, que constituye esta vez una verdadera discontinuidad, y que se traduce aquí por el paso del estado de movimiento al estado de reposo; esto nos conduce a la cuestión del "paso al límite", cuya verdadera noción debemos todavía acabar de precisar.

Capítulo XXIV: VERDADERA CONCEPCIÓN DEL PASO AL LÍMITE

La consideración del "paso al límite", hemos dicho antes, es necesaria, si no para las aplicaciones prácticas del método infinitesimal, si al menos para su justificación teórica, y esta justificación es precisamente la única cosa que nos importa aquí, ya que las simples reglas prácticas de cálculo, que aciertan de una manera en cierto modo "empírica" y sin que se sepa muy bien por qué razón, no tienen evidentemente ningún interés desde nuestro punto de vista. Sin duda, para efectuar los cálculos e incluso para llevarlos hasta su término, no hay ninguna necesidad de plantearse la cuestión de saber si la variable alcanza su límite y cómo puede alcanzarle; pero, sin embargo, si no le alcanza, estos cálculos no tendrían nunca más valor que el de simples cálculos de aproximación. Es cierto que aquí se trata de una aproximación indefinida, puesto que la naturaleza misma de las cantidades infinitesimales permite hacer el error tan pequeño como se quiera, sin que por eso sea posible, no obstante, suprimirlo enteramente, puesto que estas mismas cantidades infinitesimales, en su decrecimiento indefinido, no devienen nunca nulas. Se dirá quizás que, prácticamente, eso es el equivalente de un cálculo perfectamente riguroso; pero, además de que no es de eso de lo que se trata para nosotros, esa aproximación indefinida misma ¿puede guardar un sentido si, en los resultados en los que se debe desembocar, no han de considerarse ya variables, sino más bien únicamente cantidades fijas y determinadas? En estas condiciones, desde el punto de vista de los resultados, no se puede salir de esta alternativa: o no se alcanza el límite, y entonces el cálculo infinitesimal no es sino el menos grosero de los métodos de aproximación, o sí se alcanza el límite, y entonces se trata de un método que es verdaderamente riguroso. Pero hemos visto que el límite, en razón de su definición misma, no puede ser alcanzado nunca exactamente por la variable; ¿cómo pues tendremos el derecho de decir que no obstante puede ser alcanzado? Puede serlo precisamente, no en el curso del cálculo, sino en los resultados, porque, en éstos, no deben figurar más que cantidades fijas y determinadas, como el límite mismo, y ya no variables; así pues, es la distinción de las cantidades variables y de las cantidades fijas, distinción por lo demás propiamente cualitativa, la que es, como ya lo hemos dicho, la única verdadera justificación del rigor del cálculo infinitesimal.

Así, lo repetimos todavía, el límite no puede ser alcanzado en la variación y como término de ésta; no es el último de los valores que debe tomar la variable, y la concepción de una variación continua que desemboca en un "último valor" o en un "último estado" sería tan incomprehensible y contradictoria como la de una serie indefinida que desemboca en un "último término", o como la de la división de un conjunto continuo que desemboca en "últimos elementos". Así pues, el límite no pertenece a la serie de los valores sucesivos de la variable; está fuera de esta serie, y por eso hemos dicho que el "paso al límite" implica esencialmente una discontinuidad. Si fuera de otro modo, estaríamos en presencia de una *indefinidad* que podría ser agotada analíticamente, y eso es lo que no puede tener lugar; pero es aquí donde la distinción que hemos establecido a este respecto cobra toda su importancia, ya que nos encontramos en uno de los casos donde se trata de alcanzar, según la expresión que ya hemos empleado, los límites de cierta *indefinidad*; así pues, no es sin razón que la misma palabra de «límite» se encuentra, con otra acepción más especial, en el caso particular que consideramos ahora. El límite de una variable debe limitar verdaderamente, en el sentido general de esta palabra, la *indefinidad* de los estados o de las modificaciones posibles que conlleva la definición de esta variable; y es justamente por eso por lo que es menester necesariamente que se encuentre fuera de lo que debe limitar así. No podría tratarse de ninguna manera de agotar esta *indefinidad* por el curso mismo de la variación que la constituye; de lo que se trata en realidad, es de pasar más allá del dominio de esta variación, dominio en el que el límite no se encuentra comprendido, y es este resultado el que se obtiene, no analíticamente y por grados, sino sintéticamente y de un solo golpe, de una manera en cierto modo "súbita" por la que se traduce la discontinuidad que se produce entonces, por el paso de las cantidades variables a las cantidades fijas[1].

---

[1] A propósito de este carácter "súbito" o "instantáneo", se podrá recordar aquí, a título de comparación con el orden de los fenómenos naturales, el ejemplo de la ruptura de una cuerda que hemos dado antes: esta ruptura es también el límite de la tensión, pero no es asimilable de ninguna manera a una tensión en cualquier grado que sea.

El límite pertenece esencialmente al dominio de las cantidades fijas: por eso el "paso al límite" exige lógicamente la consideración simultánea, en la cantidad, de dos modalidades diferentes, en cierto modo superpuestas; no es otra cosa entonces que el paso a la modalidad superior, en la que se realiza plenamente lo que, en la modalidad inferior, no existe más que en el estado de simple tendencia, y eso, para emplear la terminología aristotélica, es un verdadero paso de la potencia al acto, lo que ciertamente no tiene nada en común con la simple "compensación de errores" que consideraba Carnot. Por su definición misma, la noción matemática del límite implica un carácter de estabilidad y de equilibrio, carácter que es el de algo permanente y definitivo, y que, evidentemente, no puede ser realizado por las cantidades en tanto que se las considere, en la modalidad inferior, como esencialmente variables; así pues, no puede ser alcanzado nunca gradualmente, sino que lo es inmediatamente por el paso de una modalidad a la otra, que es el único que permite suprimir todas las etapas intermediarias, porque comprende y envuelve sintéticamente toda su *indefinidad*, y por el que lo que no era y no podría ser más que una tendencia en las variables se afirma y se fija en un resultado real y definido. De otro modo, el "paso al límite" sería siempre un ilogismo puro y simple, ya que es evidente que, en tanto que se permanezca en el dominio de las variables, no puede obtenerse esta fijeza que es lo propio del límite, donde las cantidades que eran consideradas precedentemente como variables han perdido precisamente ese carácter transitorio y contingente. El estado de las cantidades variables es, en efecto, un estado eminentemente transitorio y en cierto modo imperfecto, puesto que no es más que la expresión de un "devenir", cuya idea la hemos encontrado igualmente en el fondo de la noción de la *indefinidad* misma, que, por lo demás, está estrechamente ligada a ese estado de variación. Así el cálculo no puede ser perfecto, en el sentido de verdaderamente acabado, más que cuando ha llegado a resultados en los cuales ya no entra nada variable ni indefinido, sino sólo cantidades fijas y definidas; y ya que hemos visto cómo eso mismo es susceptible de aplicarse, por transposición analógica, más allá del orden cuantitativo, que ya no tiene entonces más que un valor de símbolo, y hasta en lo que concierne directamente a la "realización" metafísica del ser.

Capítulo XXV: **CONCLUSIÓN**

No hay necesidad de insistir sobre la importancia que las consideraciones que hemos expuesto en el curso de este estudio presentan desde el punto de vista propiamente matemático, puesto que aportan la solución de todas las dificultades que se han suscitado a propósito del método infinitesimal, ya sea en lo que concierne a su verdadera significación, o ya sea en lo que concierne a su rigor. La condición necesaria y suficiente para que pueda darse esta solución no es otra que la estricta aplicación de los verdaderos principios; pero son justamente los principios los que los matemáticos modernos, lo mismo que los demás sabios profanos, ignoran enteramente, y esta ignorancia es, en el fondo, la única razón de tantas discusiones que, en estas condiciones, pueden proseguirse indefinidamente sin desembocar nunca en ninguna conclusión válida, y que no hacen por el contrario más que embarullar más las cuestiones y multiplicar las confusiones, como la querella de los "finitistas" y de los "infinitistas" lo muestra con bastante claridad; no obstante, hubiera sido muy fácil cortar el asunto de raíz si se hubiera sabido plantear claramente, ante todo, la verdadera noción del Infinito metafísico y la distinción fundamental del Infinito y de lo indefinido. Leibnitz mismo, si bien tuvo al menos el mérito de abordar francamente algunas cuestiones, lo que no han hecho siquiera los que han venido después de él, frecuentemente no dijo sobre este tema más que cosas muy poco metafísicas, y a veces incluso casi tan claramente antimetafísicas como las especulaciones ordinarias de la generalidad de los filósofos modernos; así pues, es ya la misma falta de principios lo que le impidió responder a sus contradictores de una manera satisfactoria y en cierto modo definitiva, y la que, por eso mismo, abrió la puerta a todas las discusiones ulteriores. Sin duda, puede decirse con Carnot que, "si Leibnitz se ha equivocado, sería únicamente al albergar dudas sobre la exactitud de su propio análisis, si es que tuvo realmente estas dudas"[1]; pero, incluso si no las tenía en el fondo, tampoco podía en todo caso demostrar rigurosamente esta exactitud, porque su concepción de la continuidad, que no es

---

[1] *Réflexions sur la Métaphysique du Calcul infinitésimal*, p. 33.

ciertamente metafísica y ni siquiera lógica, le impedía hacer las distinciones necesarias a este respecto y, por consiguiente, formular la noción precisa del límite, que es, como lo hemos mostrado, de una importancia capital para el fundamento del método infinitesimal.

Así pues, se ve por todo eso de qué interés puede ser la consideración de los principios, incluso para una ciencia especial considerada en sí misma, y sin que uno se proponga ir, apoyándose en esta ciencia, más allá del dominio relativo y contingente al que ella se aplica de una manera inmediata; es eso, bien entendido, lo que desconocen totalmente los modernos, que, por su concepción profana de la ciencia, se jactan gustosamente de haber hecho a ésta independiente de la metafísica, e incluso de la teología[2], cuando la verdad es que con eso no han hecho más que privarla de todo valor real en tanto que conocimiento. Además, si se comprendiera la necesidad de vincular la ciencia a los principios, es evidente que desde entonces no habría ninguna razón para quedarse ahí, y que se sería conducido naturalmente a la concepción tradicional según la cual una ciencia particular, cualquiera que sea, vale menos por lo que es en sí misma que por la posibilidad de servirse de ella como un "soporte" para elevarse a un conocimiento de orden superior[3]. Hemos querido dar aquí precisamente, por un ejemplo característico, una idea de lo que sería posible hacer, en algunos casos al menos, para restituir a una ciencia mutilada y deformada por las concepciones profanas, su valor y su alcance reales, a la vez desde el punto de vista del conocimiento relativo que representa directamente y desde el del conocimiento superior al que es susceptible de conducir por transposición analógica; se ha podido ver concretamente lo que es posible sacar, bajo este último aspecto, de nociones como las de la integración y del "paso al límite". Por lo demás, es menester decir que las matemáticas, más que cualquier otra ciencia, propor-

---

[2] Recordamos haber visto en alguna parte a un "cientificista" contemporáneo indignarse de que, por ejemplo, en la Edad Media, se haya podido encontrar un medio de hablar de la Trinidad a propósito de la geometría del triángulo; por lo demás, probablemente no sospechaba que ello es todavía así actualmente en el simbolismo del Compañerazgo.

[3] Ver por ejemplo a este respecto, sobre el aspecto esotérico e iniciático de las "artes liberales" en la Edad Media, *L'Esoterisme de Dante*, pp. 10-15.

138

cionan así un simbolismo muy particularmente apto para la expresión de las verdades metafísicas, en la medida en la que éstas son expresables, así como pueden darse cuenta de ello aquellos que hayan leído algunas de nuestras precedentes obras; por eso este simbolismo matemático es de un uso tan frecuente, ya sea desde el punto de vista tradicional en general, ya sea desde el punto de vista iniciático en particular[4]. Únicamente que, para que pueda ser así, entiéndase bien que es menester ante todo que estas ciencias sean limpiadas de los errores y de las confusiones múltiples que han sido introducidos en ellas por las opiniones falsas de los modernos, y seríamos felices si el presente trabajo pudiera contribuir, de alguna manera al menos, a ese resultado.

---

[4] Sobre las razones de este valor especial que a este respecto tiene el simbolismo matemático, tanto numérico como geométrico, se podrán ver concretamente las explicaciones que hemos dado en *Le Règne de la Quantite et les Signes des Temps*.

www.ingramcontent.com/pod-product-compliance
Lightning Source LLC
LaVergne TN
LVHW031433170726
843492LV00010B/2990